AIGC
革命
从ChatGPT到产业升级赋能

刁盛鑫　房兆玲　焦奂闻◎著

中国铁道出版社有限公司
CHINA RAILWAY PUBLISHING HOUSE CO., LTD.

图书在版编目（CIP）数据

AIGC 革命：从 ChatGPT 到产业升级赋能 / 刁盛鑫，房兆玲，
焦癸闻著 . — 北京：中国铁道出版社有限公司 ,2024.4
ISBN 978-7-113-30744-8

I.① A… Ⅱ.①刁…②房…③焦… Ⅲ.①人工智能 – 研究
Ⅳ.① TP18

中国国家版本馆 CIP 数据核字（2023）第 230158 号

书　　名：AIGC 革命——从 ChatGPT 到产业升级赋能
　　　　　AIGC GEMING : CONG ChatGPT DAO CHANYE SHENGJI FUNENG
作　　者：刁盛鑫　房兆玲　焦癸闻

责任编辑：鲍　闻　　　　　　　　　　编辑部电话：（010）51873005
封面设计：宿　萌
责任校对：刘　畅
责任印制：赵星辰

出版发行：中国铁道出版社有限公司（100054，北京市西城区右安门西街 8 号）
网　　址：http:// www. tdpress. com
印　　刷：三河市宏盛印务有限公司
版　　次：2024 年 4 月第 1 版　2024 年 4 月第 1 次印刷
开　　本：710 mm×1 000 mm 1/16　印张：12.75　字数：160 千
书　　号：ISBN 978-7-113-30744-8
定　　价：68.00 元

前　言

2022 年被称作 AIGC（artificial intelligence generated content，人工智能生成内容）元年，2022 年末，智能聊天机器人 ChatGPT（chat generative pre-trained transformer）横空出世，其背后的 AIGC 技术受到广大用户的关注。从 ChatGPT 火爆到其背后的 AIGC 技术受到关注，这不仅是一场科技领域的狂欢，也给社会、文化等领域带来全新发展。随着 AIGC 技术不断深化，AI 将会以惊人的速度进入大众的生活。

为促使人们清楚了解这一与自身息息相关的技术，我们尝试对 ChatGPT 与 AIGC 进行详细解读。

本书以 ChatGPT 的前世今生、ChatGPT 开启 AI 新纪元、AIGC 未来应用前景三篇讲解 ChatGPT 与 AIGC。当前，网络上关于 ChatGPT 的信息纷繁复杂，人们很难从中详细、系统地了解 ChatGPT 是什么、有哪些能力与价值、对未来有怎样的影响等。因此本书在上篇对 ChatGPT 的概念与背景、功能与应用价值、对职业发展的影响等进行了详细讲解，帮助读者对 ChatGPT 建立起一个整体认知。

作为 AIGC 的典型应用，ChatGPT 开启了 AI 发展的新纪元，其背后的 AIGC 也备受市场关注。而作为一种新兴的、潜力巨大的 AI 技术，AIGC 的能力与应用潜力逐渐凸显。本书中篇聚焦 AIGC，讲解 AIGC 带来的内容生成方式的变革、背后支撑技术、日益丰满的产业链、广阔的发展前景与商业化前景等。同时在中篇，本书也融入了深氧科技、可口可乐等 AIGC 探索案例。正是因为这些企业的探索，丰富了 AIGC 的产业生态，也使得 AIGC

更具发展的活力。

任何技术只有落地才会产生巨大的应用价值，AIGC 也是如此。本书下篇就聚焦 AIGC 的应用，拆解其未来应用前景。在资讯行业、教育行业、娱乐行业、电商行业、金融行业等，AIGC 都已经有了一些应用案例，同时随着技术的发展，其在这些行业的应用将进一步深入，产生更大的应用价值。下篇详细拆解 AIGC 在这些行业应用的潜力与具体的应用方向，能够为企业布局 AIGC 提供指导。同时，下篇同样融入了不少企业与 AIGC 融合发展的案例，为企业探索 AIGC 应用指明方向。

整体来看，本书内容丰富且完善，不仅对当前的市场热点 ChatGPT 进行了详细讲解，而且深挖其背后的 AIGC 技术。从技术理论、发展现状讲到未来发展前景，展示了 AIGC 的巨大发展潜力。同时，本书也从多方面分析企业入局 AIGC 的机会，并给出了丰富的探索案例，能够为企业入局 AIGC 领域提供详细的指导。通过阅读本书，读者不仅能够了解 ChatGPT 与 AIGC 是什么，还能够明晰进入 AIGC 赛道的方法，借新技术和新探索助力企业腾飞。

作　者

2024 年 2 月

目　录

上篇　ChatGPT 的前世今生

第 1 章　ChatGPT：颠覆认知的 AI 智能应用 002

  1.1　ChatGPT 要点拆解 003

    1.1.1　漫长而曲折的研发历程 003

    1.1.2　ChatGPT 两大机制 006

    1.1.3　ChatGPT 模型训练的三大步骤 007

  1.2　ChatGPT 因何成功 009

    1.2.1　InstructGPT：为 ChatGPT 模型能力奠定基础 009

    1.2.2　GPT-4：大参数语言模型 010

    1.2.3　数据支持：拥有高质量的真实数据 012

  1.3　ChatGPT 助推数字经济发展 012

    1.3.1　行业发展模式转变，解放人力 013

    1.3.2　ChatGPT 驱动数字经济发展进入快车道 015

第 2 章　ChatGPT 赋能：强大功能彰显应用潜力 017

  2.1　ChatGPT 的多重功能 018

2.1.1　聊天功能：智能问答 + 多轮对话 018

2.1.2　多种类内容生成：剧本、论文、软件程序 019

2.1.3　多模态交互：可实现多场景商用 021

2.1.4　开放插件接口：可接入其他应用 023

2.2　联合与竞争：市场风起云涌 024

2.2.1　微软将 ChatGPT 融入 Bing，吸引用户 024

2.2.2　Google 发布大语言模型 PaLM 2，强势进场 025

2.2.3　众企业发布聊天机器人计划，瞄向 ChatGPT 026

2.3　ChatGPT 应用价值 029

2.3.1　内容创作流程化、自动化 029

2.3.2　推动生成式 AI 和 AIGC 行业融合发展 031

第 3 章　职业趋势：传统职业变革 + 催生新职业 033

3.1　ChatGPT 变革传统职业 034

3.1.1　数据输入与处理类职业 034

3.1.2　咨询服务类职业 035

3.1.3　翻译类职业 036

3.1.4　报告撰写及内容生成类职业 038

3.2　ChatGPT 催生新职业 040

3.2.1　提示词工程师：引导 AI 给出更好的结果 040

3.2.2　AI 内容审核：验证智能生成内容的真伪 042

3.3　ChatGPT 热潮下的冷思考 044

3.3.1　职业思考：ChatGPT 火爆带来的机遇与挑战 044

3.3.2　应对之策：了解新技术，以 AI 辅助工作 046

3.3.3　趋势预测：人机关系未来将如何发展 048

中篇　ChatGPT 开启 AI 新纪元

第 4 章　内容变革：ChatGPT 引领变革，AIGC 获得突破 052

4.1　发展历程：从 PGC 到 AIGC 053

　　4.1.1　PGC：专业内容生产者生成专业内容 053

　　4.1.2　UGC：用户转变为内容创作者 054

　　4.1.3　AIGC：实现内容高效智能生成 055

4.2　模态划分：AIGC 成为新的生产力引擎 056

　　4.2.1　多种模式的文本生成 056

　　4.2.2　应用广泛的音频生成 058

　　4.2.3　实现编辑与设计的图像生成 059

　　4.2.4　赋能创作者的视频生成 061

　　4.2.5　提升玩家体验的游戏生成 063

　　4.2.6　高效便捷的 3D 模型生成 065

　　4.2.7　更加智能的数字人生成 067

第 5 章　技术图谱：AIGC 背后支撑技术详解 069

5.1　自然语言处理技术 070

5.1.1　神经机器翻译：实现自然的翻译效果 070

5.1.2　人机交互：人机互动更自然 071

5.1.3　阅读理解：精准理解语义 072

5.1.4　机器创作：输出创新性内容 072

5.2　预训练大模型技术 073

5.2.1　超大规模预训练模型爆发 074

5.2.2　核心作用：促进 AI 应用普及 075

5.3　多模态交互技术 077

5.3.1　多模态交互实现多维感官交互 077

5.3.2　赋能数字人交互，提升交互体验 079

5.3.3　多模态交互的多元应用 079

第 6 章　产业链：AIGC 产业生态渐趋丰满 081

6.1　资本与技术投入，AIGC 产业日益繁荣 082

6.1.1　AIGC 板块活跃，引发资本关注 082

6.1.2　多家科技巨头技术布局，抢占赛道先机 083

6.2　AIGC 产业链生态拆解 087

6.2.1　产业链上游：提供多种数据服务 087

6.2.2　产业链中游：聚焦算法模型研发 089

6.2.3　产业链下游：推进 AIGC 应用落地 091

6.3　价值倍增，赋能多行业发展 093

6.3.1　丰富内容供给，降本增效 094

6.3.2　变革数字内容生产方式，提升交互体验 095

6.3.3　深氧科技：AIGC 引擎赋能内容创作 096

第 7 章　发展趋势：商业化前景广阔 099

　　7.1　技术深化，为 AIGC 奠基 100

　　　　7.1.1　深度学习进化，提升 AIGC 智能性 100

　　　　7.1.2　模型即服务，AIGC 应用场景拓展 102

　　　　7.1.3　开源策略，实现 AIGC 应用普及 104

　　7.2　商业模式：To B+To C 105

　　　　7.2.1　To B：B 端用户需求稳定，付费意愿较强 105

　　　　7.2.2　To C：SaaS 订阅为主要业务 107

　　7.3　商业展望：多角度入局助推产业发展 108

　　　　7.3.1　技术入局：AI 芯片 + 预训练模型供应商 108

　　　　7.3.2　产品入局：自主研发 AIGC 产品 112

　　　　7.3.3　可口可乐：广告接轨 AIGC，创新营销方式 115

下篇　AIGC 未来应用前景

第 8 章　资讯行业：AIGC 提升信息传递效率 118

　　8.1　AIGC 在资讯行业的多场景应用 119

　　　　8.1.1　融入内容采集场景，减轻编辑工作量 119

　　　　8.1.2　融入内容创作场景，助力内容高效生成 120

　　　　8.1.3　融入内容传播场景，以虚拟主播取代人工 121

8.1.4 融入互动环节，提升用户观看体验 123

8.2 AIGC 促进资讯传播迭代 126

8.2.1 提高资讯内容制作效率，保证时效 126

8.2.2 促使传播媒介转变，带来新奇体验 127

第 9 章 教育行业：AIGC 助推教育智慧化发展 129

9.1 AIGC 推动教育行业变革 130

9.1.1 教学变革：AI 虚拟教师走进课堂 130

9.1.2 教学环境变革：AIGC 生成虚拟教学环境 131

9.1.3 学习方式变革：AI 智能分析，实现个性化教学 133

9.2 赋能学校教学和企业教学 135

9.2.1 学校教学：辅助备课 + 辅助教学 + 作业批改 135

9.2.2 企业教学：为企业打造专业智能陪练 137

9.3 丰富应用，AIGC 教育探索不断 137

9.3.1 王道科技：开发 AIGC 教学工具 138

9.3.2 网易：推出 AI 教育模型 139

第 10 章 娱乐行业：AIGC 创新娱乐玩法 141

10.1 多角度赋能游戏创作，提升内容丰富性 142

10.1.1 虚拟形象自动生成，实现千人千面 142

10.1.2 游戏内容生成，降低制作成本 144

10.1.3 AIGC 赋能，游戏 NPC 更加生动 146

10.1.4 新型游戏创作平台成为发展趋势 147

10.2 赋能音频创作，打造多元音频内容 148

10.2.1 喜马拉雅：借 AIGC 实现音频智能生产 148

10.2.2 微软：推进音乐 AI 模型研发 151

10.2.3　百度元宇宙歌会：AIGC 技术升级体验................152

10.3　影视内容创作：提供多元化影视娱乐内容................153

10.3.1　剧本创作：基于小说生成剧本................154

10.3.2　虚拟演员：AI 驱动，创作影视内容................155

10.3.3　智能剪辑：提升后期制作效率................157

10.3.4　影视剧修复：AI 系统智能修复影视剧................158

第 11 章　电商行业：AIGC 引爆电商营销潜力................160

11.1　营销内容：AIGC 融入多环节................161

11.1.1　生成专业化营销文本................161

11.1.2　生成定制化营销图片................162

11.1.3　智能生成专属营销视频................164

11.1.4　生成完善的营销方案................164

11.2　营销场景：AIGC 变革营销互动形式................166

11.2.1　打造 3D 产品与场景，使线上购物更真实................166

11.2.2　打造虚拟购物城，提供沉浸式购物体验................167

11.3　营销手段：虚拟数字人为商品代言................168

11.3.1　虚拟主播成为电商直播间新亮点................169

11.3.2　虚拟 IP 助力品牌营销................170

11.3.3　分时跃动 Enterprise.ai：提升商家数字生产力................172

第 12 章　金融行业：AIGC 加速金融数智化转型................174

12.1　金融行业的 AIGC 探索................175

12.1.1　借 ChatGPT 生成金融文案................175

12.1.2　进行产品研发，打造 AIGC 金融产品................178

12.1.3　与文心一言合作，布局 AIGC................179

12.2　智能客服：AIGC 变革金融的主要体现.................................182

　　12.2.1　金融行业智能客服的功能.................................182

　　12.2.2　ChatGPT 接入智能客服，提升服务能力.........................184

　　12.2.3　金融机构布局 AIGC 核心技术.................................186

12.3　智能投顾：AIGC 让金融决策更科学.................................188

　　12.3.1　智能投顾的两大模式.................................189

　　12.3.2　促进投顾转型，降低服务成本.................................190

上　篇

ChatGPT 的前世今生

第 1 章

ChatGPT：颠覆认知的 AI 智能应用

ChatGPT 是一款由 AI（artificial intelligence，人工智能）研究公司 OpenAI 研发的机器人聊天程序，一经推出便受到用户欢迎，热度节节攀升，推动了相关产业的发展。本章将从 ChatGPT 概述、ChatGPT 获得成功的原因、ChatGPT 助推经济发展三个方面介绍 ChatGPT，深入展示 ChatGPT 的魅力。

1.1　ChatGPT 要点拆解

ChatGPT 是一款 AI 文本生成产品，以强大的文字处理能力与智能的人机交互功能获得广大用户的关注。下面将从 ChatGPT 的发展历程、两大机制、模型训练的三大步骤三个方面详解 ChatGPT。

1.1.1　漫长而曲折的研发历程

从研发、问世到引爆社交网络，ChatGPT 的发展并不是一帆风顺的。它经历了漫长而曲折的发展过程。从 2015 年成立，到 2022 年 ChatGPT 问世，在这 7 年中，OpenAI 经历种种曲折，最后才有所收获，其能够在 AI 领域获得成功，离不开多年的潜心研究，其研发过程如图 1-1 所示。

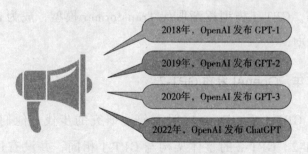

2018年，OpenAI 发布 GPT-1

2019年，OpenAI 发布 GPT-2

2020年，OpenAI 发布 GPT-3

2022年，OpenAI 发布 ChatGPT

图 1-1　OpenAI 的研发历程

1. 2018 年，OpenAI 发布 GPT（generative pre-trained transformer，生成式预训练模型）**-1**

2017 年，谷歌大脑团队在一场学术会议上发表了一篇论文，他们在这篇论文中首次提出一个名为 Transformer（变压器）的模型，并将这个模型用于自然语言处理。当时，自然语言处理领域主要使用一种名为 RNN（recurrent neural network，循环神经网络）的模型。RNN 模型能够按照时间顺序处理数据，但在处理长序列的数据时，具有不稳定、训练时间长的缺点。

而 Transformer 模型能够克服这些缺点，它能够同时进行数据计算与模型训练，缩短训练时间，并且其训练的模型可以用语法进行解释，具有可解释性。Transformer 模型的影响力十分广泛，深刻地影响了 AI 的发展。

在研究 Transformer 模型的团队中，OpenAI 是最认真的团队之一。2015 年，OpenAI 成立。在成立早期，OpenAI 是一个非营利组织，以研究对人类友好的 AI 为主要目标。随着开发力度加大以及对资金的需求更加迫切，OpenAI 转型为营利机构，以获得更多融资。

2018 年，OpenAI 发表了一篇论文，推出了 1.17 亿个参数的 GPT-1 模型。GPT-1 模型基于 Transformer 模型训练而成，其训练方式是使大语言模型对无标注的数据进行学习、训练，并依据任务类型进行调整，以处理有监督任务，如文本分类、语义相似度、问答和知识推理、自然语言推理等。GPT-1 模型逐渐取代 Transformer 模型，成为自然语言识别的主流模型。

2. 2019 年，OpenAI 发布 GPT-2

在发布 GPT-1 后，OpenAI 没有停止研究的步伐，他们在 2019 年发布了 GPT-2。GPT-2 的整体架构与 GPT-1 相同，并没有过于突出的表现，但规模比 GPT-1 更大，参数高达 15 亿个。

GPT-2 聚焦文本生成，其以 Reddit（社交新闻站点）上的高热度文章作为训练数据，训练出了文本连贯性与情感表达兼具的文本生成模型。GPT-2 能够与用户聊天、续写故事、编故事等，刷新了大型语言模型在多个语言场景的评分纪录。

3. 2020 年，OpenAI 发布 GPT-3

OpenAI 于 2020 年 5 月发布了全新的研究成果 GPT-3。与之前的 GPT 系列模型相比，GPT-3 的性能更优越，拥有 1 750 亿个参数。OpenAI 对 GPT-3 训练集进行了升级，包括经过基础过滤的网页数据集、开放性百科上的优质文章、许多图书数据等。

GPT-3 推出时并未全面开放，因此，能够体验 GPT–3 的用户不多。根据试用用户的反馈，GPT-3 能够完成根据提示词生成文章、生成程序代码等文本创作类任务。

在前期测试结束后，GPT-3 进行了商业化尝试，用户可以通过应用程序接口付费体验 GPT-3，使用该模型完成一些语言处理任务。

2020 年 9 月，微软公司与 OpenAI 达成合作，获得了 GPT-3 的独家使用许可，但这不影响付费用户使用 GPT-3。

4. 2022 年，OpenAI 发布 ChatGPT

2022 年，OpenAI 推出大型语言预训练模型 ChatGPT。ChatGPT 与 GPT-3 相似，都能够完成常见的文字输出任务，但是 ChatGPT 模型的优越之处在于，其与用户对话时能够以人类的方式思考，并给出口语化的、恰当的回答。

ChatGPT 在使用过程中可能会产生一些问题，例如，数据更新不及时，对于近期发生的事件无法提供准确的答案；回答问题不够准确，用户需要自行判断回答是否正确等。

总之，ChatGPT 的诞生是 AIGC 行业发展的里程碑事件，它使用户看到了 AI 发展的更多可能性。未来，OpenAI 将会继续研发大模型，以 AI 赋能用户的生活，给用户带来更多新体验。

1.1.2 ChatGPT 两大机制

ChatGPT 是一款能够与用户对话的聊天机器人，其拥有两大机制，分别是语言理解和生成机制，以及安全机制。

1. 语言理解和生成机制

ChatGPT 的语言理解和生成机制主要基于 Transformer 架构。Transformer 架构能够根据自注意力机制、输入内容的序列位置等因素了解不同位置之间的依赖关系，并不断地进行训练与学习，这使得 ChatGPT 能够在大量资料库中学习人类语言、上下文的关系等，实现语言理解与生成。

例如，在金融领域，ChatGPT 可以充当智能客服的角色——用户与 ChatGPT 对话，ChatGPT 通过语言理解与生成，帮助用户解决问题，为用户提供个性化的服务。

2. 安全机制

ChatGPT 作为一款聊天软件，具有安全机制，能够保护用户的数据安全，其安全机制主要表现在以下四个方面，如图 1-2 所示。

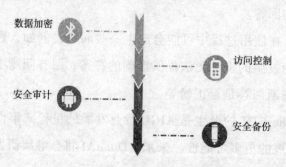

图 1-2　ChatGPT 安全机制的四个方面

（1）数据加密。ChatGPT 能够利用全新的加密技术保护用户的隐私数据，只有获得授权的用户才能解密数据，这能够保证用户的隐私数据在传输和存储过程中不被窃取或篡改。

（2）访问控制。在 ChatGPT 中，用户的等级不同，能够访问的数据也不同。例如，获得授权的用户可以访问敏感数据，而普通用户只能浏览与自身有关的数据。

（3）安全审计。ChatGPT 具有安全审计机制，能够记录用户的登录、访问、修改等操作，以便在发现安全漏洞和异常行为时及时处理，保障用户数据的安全性与可追溯性。

（4）安全备份。ChatGPT 会按时对数据进行备份，保障数据的完整性。ChatGPT 在备份数据时往往会将数据存储在不同的地方，避免发生意外导致数据丢失。即使发生了数据丢失的事故，ChatGPT 也可以及时恢复数据。

基于语言理解和生成机制，ChatGPT 能够与用户智能交互；基于安全机制，ChatGPT 能够保护用户的数据，为自身的长久发展奠定基础。

1.1.3　ChatGPT 模型训练的三大步骤

ChatGPT 模型训练主要有三大步骤，如图 1-3 所示。

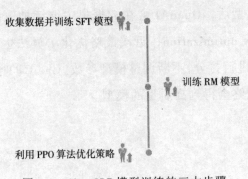

收集数据并训练 SFT 模型

训练 RM 模型

利用 PPO 算法优化策略

图 1-3　ChatGPT 模型训练的三大步骤

1. 收集数据并训练 SFT 模型

ChatGPT 的初始模型 GPT-3 需要经过大量训练才能投入使用。为此，OpenAI 组建了一个 40 人左右的标注师团队，让他们分别扮演用户与聊天机器人，与 ChatGPT 进行对话，以产生人工精准标签的多轮对话数据，这种方法能够产出高质量的真实数据，对于模型训练十分有益。经过初步数据训练的模型被称为 SFT（supervised fine tuning，有监督微调）模型。

2. 训练 RM 模型

为了使 AI 的回答更符合用户的意图，OpenAI 在数据集中随机抽取问题对 ChatGPT 进行训练，并为各个问题设置奖励目标。对于一个问题，ChatGPT 能够生成不同的回答。标注师会给回答打分、排名，按照排名结果训练 RM（reward model，奖励）模型。

标注师会将排序结果两两组合，形成多个训练数据对。RM 模型会接收数据对，并根据回答的质量给其打分。高质量的回答会排在低质量的回答的前面。经过不断训练与打分，ChatGPT 模型将不断进化，以能够更加理解用户的意图。

3. 利用 PPO 算法优化策略

生成 RM 模型后，OpenAI 会在数据集中继续抽取问题，利用 PPO（proximal policy optimization，近端策略优化）算法生成回答，并利用 RM 模型对回答进行打分，不断调整模型参数。ChatGPT 会不断重复第二、第三个步骤，最终会得到高质量的模型。

1.2 ChatGPT 因何成功

ChatGPT 的成功离不开三个因素：一是 InstructGPT 为其提供强大的模型能力；二是不断迭代的 GPT 系列大参数语言模型；三是高质量的真实数据为其模型训练提供数据支持。这些因素共同作为推动力，促进 ChatGPT 发展。

1.2.1 InstructGPT：为 ChatGPT 模型能力奠定基础

在推出 GPT-3 后，OpenAI 又推出了具有强大模型能力的 InstructGPT（指令生成预训练变压器）。InstructGPT 是在 GPT-3 的基础上进行微调的自然语言处理模型，能够使输出结果更加可控，与用户的语言习惯更加接近。InstructGPT 与 GPT-3 的区别是，InstructGPT 以完成指导型对话任务为目标。指导型对话指的是一位用户向另一位用户提供指导或者建议，是一种对话形式。

OpenAI 称，InstructGPT 是一种能够更加准确理解用户意图的语言模型，能够减少有害结果的生成。OpenAI 在训练 InstructGPT 的过程中将人类作为教师，对大模型进行了反馈与指导，这也是 ChatGPT 能够变得更加智能的秘密。因此，从某种程度上来说，ChatGPT 是在 InstructGPT 的基础上诞生的，InstructGPT 是 ChatGPT 的 "前辈"。

InstructGPT 使用了 GPT-3 模型，并对该模型进行了微调。InstructGPT 利用大量指导型对话数据进行训练，以更加准确地理解用户的问题，生成有针对性的答案。此外，InstructGPT 能够与用户进行多轮对话，回答用户的多个问题。

InstructGPT 的应用场景十分丰富，能够应用于在线教育、智能客服等领域，帮助用户快速解决问题。

InstructGPT 的主要功能是完成指令性任务，其技术路线包括以下五个步骤：

（1）数据收集。OpenAI 收集大量指令性文本数据，用于模型训练。

（2）对数据进行预处理。OpenAI 会对收集的数据进行预处理，即将数据转化为模型训练需要的格式，处理步骤包括分词、词干提取等。

（3）模型训练。OpenAI 会利用预处理后的数据训练模型，以提升模型性能。

（4）模型微调与优化。根据指令性任务的不同，OpenAI 会对模型进行微调，例如，利用迁移学习的方法使模型更好地完成特定任务。在微调后，OpenAI 还会对模型进行优化，利用模型压缩、量化等技术，提高模型的速度与效率。

（5）应用部署。优化模型后，OpenAI 会将 InstructGPT 部署到具体的应用场景中，如问答系统、教育平台等，为用户提供优质的服务。

总之，InstructGPT 能够输出高质量内容，更好地满足用户的需求。同时，InstructGPT 仅有 13 亿个参数，能够更好地降低成本，便于进行大规模商业化应用。

1.2.2　GPT-4：大参数语言模型

继 2022 年 11 月发布 ChatGPT 后，OpenAI 又于 2023 年 3 月推出最新的预训练大模型 GPT-4，搭载新模型的 ChatGPT 得以实现性能优化。GPT-4 是一个多模态大模型，有 1.8 万亿个参数，能够访问更大的数据集。GPT-4 可以完成多种自然语言处理任务，如摘要、问答、文本生成等。

在图像处理方面，GPT-4 支持仅输入文本或图像，或者同时输入文本和图像，以文本的形式输出回答。例如，用户给出一张塔的照片并询问 GPT-4 该塔的高度，GPT-4 能够生成准确的回答。

在学术方面，GPT-4 能够与人类一较高下。例如，GPT-4 参加了一场模拟律师考试，其成绩排名前 10%，表现十分优异。OpenAI 花费了 6 个月的时间对 GPT-4 进行调试，提高了它的真实性、可引导性。

在内容输出方面，GPT-4 拥有更强的逻辑推理能力和处理长篇文章的能力，能够更好地理解复杂问题，为用户提供更加优质的回答。GPT-4 用途广泛，应用场景丰富。

在视觉辅助方面，GPT-4 能够为相关应用提供视觉输入能力。"Be My Eyes（做我的眼睛）"是一款为视障用户提供帮助的应用，该应用能够将视障用户与志愿者联系起来，帮助用户完成日常任务。Be My Eyes 接入 GPT-4 后，将会开发由 GPT-4 驱动的虚拟志愿者。虚拟志愿者拥有与真人志愿者水平相当的内容理解能力。

虚拟志愿者可以为视障用户提供周围的环境信息，提升他们的生活质量。例如，GPT-4 可以根据图片识别物品，并推断、分析物品的成分。目前，Be My Eyes 的新功能正处于封闭测试中，如果能够大规模投入使用，将会为视障用户提供很大的帮助。

在客户服务方面，GPT-4 能够为国际金融服务企业摩根士丹利提供智能客服功能。摩根士丹利接入 GPT-4 后，可以随时回答用户的问题，提高用户的满意度。同时，智能客服还能够减轻人工客服的工作负担，提高客服工作效率。

1.2.3　数据支持：拥有高质量的真实数据

ChatGPT 模型的训练离不开数据，而数据质量越高、真实度越高，训练出来的模型越精准。为了训练 ChatGPT，OpenAI 雇用了许多数据标注员。为了高质量地完成标注任务，OpenAI 甚至雇用了博士级别的专业人士。在 OpenAI 的努力下，GPT-3.5 模型具有理解用户指令的能力。将大量精力投入人工数据标注方面是 OpenAI 能够获得成功的重要决策。

ChatGPT 在进行了大量数据训练的基础上，采取了"人工标注数据 + 强化学习"的模式，对预训练语言模型进行调整，这样的模式可以使大语言模型更好地理解人类发出的命令，从而学会如何根据命令进行有针对性的回答，提升回答的准确性。

数据标注的工作流程十分复杂，包括数据采集、清洗、标注和质检等，是构建 AI 模型的数据准备和预处理工作的重要一环。对于 ChatGPT 来说，其需要人工标注、清洗一些不恰当的内容，否则可能会输出一些不当信息。高质量的人工标注数据可以使 ChatGPT 变得更加智能。

1.3　ChatGPT 助推数字经济发展

ChatGPT 具有很大的发展潜力，能够解放人力，推动多个行业降本增效。ChatGPT 能够为数字经济发展提供新动能，成为经济发展的新引擎。

1.3.1　行业发展模式转变，解放人力

在激烈的市场竞争中，企业需要适应市场变化，及时转变发展模式。越来越多的企业意识到，只有不断创新，才能够提高业绩，在激烈的市场竞争中脱颖而出。

ChatGPT 的出现，推动了许多行业转变发展模式。作为一个 AI 聊天机器人，ChatGPT 能够与用户交互，理解和回答用户提出的问题，为用户提供优质的服务。

以电商行业为例，在电商行业，ChatGPT 可以作为智能客服，其作为智能客服主要具有五个功能，如图 1-4 所示。

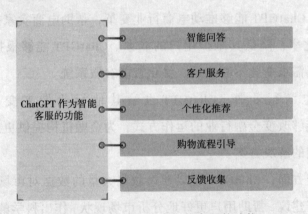

图 1-4　ChatGPT 作为智能客服的功能

（1）智能问答。当用户与智能客服对话时，ChatGPT 将会理解并分析用户的问题，并为用户提供准确的答案与解决方法。智能客服可以有效提高用户咨询的满意度。例如，用户询问商品的优惠信息或价格，智能客服会自动回答该问题。

（2）客户服务。ChatGPT 具有客户服务功能。例如，电商卖家可以利用 ChatGPT 自动回复客户的问题、处理客户投诉等，帮助客户解决

问题，提高客户的体验。优质、高效的客户服务，可以提高客户的满意度和忠诚度，提高电商卖家的营业额。

（3）个性化推荐。ChatGPT 具有数据分析的能力，可以收集用户的历史购物数据和行为，并对其进行分析，了解用户可能感兴趣的产品，实现精准推荐。利用 ChatGPT 进行个性化推荐，能够极大地提高用户的购买意愿，提高用户的转化率。

（4）购物流程引导。ChatGPT 能够用于购物流程引导，引导用户完成选购、支付等流程。例如，在用户付款时提醒用户使用优惠券，确保用户获得流畅、舒心的购物体验。

（5）反馈收集。ChatGPT 可以收集用户的反馈，了解用户对服务的满意程度，有利于改进智能客服系统，提高智能客服的服务质量和效率。

总之，ChatGPT 能够推动电商行业变革，帮助电商卖家提高用户满意度和转化率，降低其维护用户的成本。ChatGPT 能够根据店铺运营情况、市场需求变化不断改进、优化智能客服系统。

除了电商行业外，ChatGPT 也给其他行业带来变革。例如，ChatGPT 能够改变金融行业的运作方式，为金融机构提供更加及时、人性化、智能的解决方案。

在投资方面，ChatGPT 可以通过收集大量的数据对市场进行分析，并输出投资建议，帮助用户更好地分析市场现状，作出科学的投资决策。ChatGPT 具有强大的信息处理能力，能够提高决策的准确性。

在风险管理方面，深度学习技术可以识别市场风险，及时为用户提供风险预警。

在客户服务方面，ChatGPT 能够根据用户的需求，为其提供个性化的金融产品和服务。

ChatGPT 变革了各个行业的传统发展模式，提高行业运转效率，推动行业智能化发展。

1.3.2　ChatGPT 驱动数字经济发展进入快车道

　　ChatGPT 带动了 AIGC 行业的发展，其背后的生成式 AI 技术引起了许多研究者的关注。部分研究者认为，生成式 AI 能够为数字经济的发展提供动能，驱动数字经济发展进入快车道。

　　面对 ChatGPT 的火爆，各大企业需要充分认识全新技术为经济发展带来的动力，提前布局，抓住发展机遇。ChatGPT 能够在多个细分领域发展，衍生出全新的应用场景，促进教育、医疗、媒体、金融等领域与 AIGC 融合。

　　在商业服务领域，ChatGPT 能够在自然语言处理与文本生成方面发挥作用，可以自动生成文本摘要、进行机器翻译，还可以作为智能客服，准确理解用户的意图并满足用户的需求，提升企业的服务水平。ChatGPT 可能会推动人机交互模式发生变革，提升人机交互的智能性，优化人机交互体验。

　　在教育行业，ChatGPT 可以帮助学生学习，帮助教师开展教学工作。对于学生来说，ChatGPT 可以解答学生的疑惑、问题，帮助学生进一步学习、理解、巩固知识；对于教师而言，ChatGPT 能够帮助教师备课，辅助教学。

　　在科研领域，ChatGPT 可以帮助科研人员搜集资料，生成论文摘要与文献综述。升级后，ChatGPT 有可能为科研人员提供专业建议。

　　在传媒方面，ChatGPT 的应用场景更加广泛，可以帮助新闻从业者更加准确、快速地生成内容。随着 ChatGPT 与其他办公软件融合，将会产生新的生产工具，大幅提升内容生产效率。

　　在网络安全方面，ChatGPT 可以用于网络数据分析，例如，对攻击数据进行分析，并输出报告，帮助用户了解潜在的网络威胁；用于安全监测，对流量进行分析，识别异常流量，帮助用户及时应对网络威胁。

　　总之，随着以 ChatGPT 为代表的 AIGC 应用的发展，AIGC 能够为产业数字化、经济数字化赋能，为各行各业的数字化转型升级提供技术支撑和方向指引。

第 2 章

ChatGPT 赋能：强大功能彰显应用潜力

ChatGPT 不仅可以模拟人类的对话交流，还能够学习人类的说话方式和生活经验。ChatGPT 因具有强大功能而受到越来越多的关注，其应用潜力巨大，应用范围不断扩大，渗透更多领域。

2.1　ChatGPT 的多重功能

随着 ChatGPT 不断升级和发展，其功能进一步拓展。ChatGPT 具备多重功能，如聊天功能、生成多种内容、多模态交互、作为接口等。

2.1.1　聊天功能：智能问答 + 多轮对话

基于大规模预训练语言模型，ChatGPT 具有灵活、敏捷的智能问答和多轮对话功能。ChatGPT 使用了大量从大型文本语料库中学习到的语法和语义，可以回答用户提出的各种问题，与用户实时对话。

1. 智能问答

ChatGPT 是一种面向开放域对话的应用，相较于任务型对话，面向开放域的对话需要更加强大的技术支撑。任务型对话有固定的模式和范围，而面向开放域的对话没有固定的应答格式，面向不同群体需要提供不同的内容。

自然语言处理技术的更新迭代使 ChatGPT 能够为用户提供更有效、更直接的信息检索内容。传统的搜索引擎需要用户从信息检索结果中寻找答案，而 ChatGPT 以对话式搜索模式直接为用户提供最优检索结果。例如，微软推出的 AI 搜索引擎 Bing（必应）在这方面已经走在了行业前列，其打破了传统的搜索引擎产品形态，引领了新型搜索引擎的发展。

ChatGPT 模型训练的数据集包括百亿个单词，类型涵盖电子书、网页、新闻、社交媒体、电子邮件、论坛等渠道的文本数据。ChatGPT 汇集了丰富、广泛的知识，能够通过问答的形式为用户提供服务。

2. 多轮对话

ChatGPT 具备强大的多轮对话能力，能够与用户进行连续、长期的交互。在多轮对话中，ChatGPT 可以自动记录对话过程，通过分析历史对话更加准确地理解用户提出的问题，并基于之前的对话内容自动生成更加个性化、精准的回复，这种多轮对话能力能够使 ChatGPT 像一个智能伙伴一样，与用户针对对话主题进行深入探讨。

作为一个对话模型，ChatGPT 能够为用户提供聊天陪伴，无论是日常闲聊，还是专业交流，ChatGPT 都能够给用户提供流畅的对话体验。

ChatGPT 能够根据用户输入的内容，在联系上下文的基础上，准确地理解用户的意图，与用户展开贴合语境的交流。为了实现更加顺畅的多轮对话，ChatGPT 使用了"上下文学习"的方法来训练对话模型。多轮对话可以使交流具有连贯性，提升用户的体验，这是自然语言理解技术在应用层面的一次飞跃。多轮对话使机器和人能够在特定场景中连续对话，机器能够深入理解人的意图。

在与用户对话的过程中，ChatGPT 能够与用户建立社交连接，通过满足用户的聊天陪伴需求，增强用户的黏性。就 ChatGPT 的发展形势来看，人机对话将成为数字化沟通和交流的重要组成部分。

2.1.2　多种类内容生成：剧本、论文、软件程序

ChatGPT 不仅可以模仿人类对话的方式和过程，还可以借助深度学习技术自动生成符合场景和主题的内容，如剧本、论文、软件程序等。

1. 剧本

ChatGPT 生成剧本可以帮助电影制片人和编剧减轻工作负担,提高工作效率。ChatGPT 生成剧本主要包括三个步骤,如图 2-1 所示。

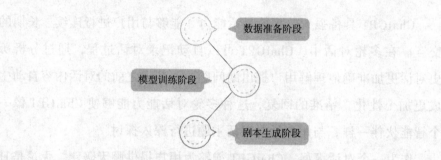

图 2-1　ChatGPT 生成剧本的三个步骤

(1)数据准备阶段。ChatGPT 生成剧本需要经过大量数据训练,因此要准备足够的数据。一般来说,数据通常来自小说、电影剧本等已有的文本资源。

(2)模型训练阶段。训练数据准备就绪后,就可以对 ChatGPT 模型进行训练,这个过程需要使用深度学习技术,如 Transformer 模型、RNN 等。通过对数据进行批量训练,ChatGPT 模型能够学习并理解数据的潜在规律。

(3)剧本生成阶段。经过大量数据训练后,ChatGPT 就可以生成符合场景的剧本。ChatGPT 会根据用户输入的信息生成剧本的情节以及符合情节发展的对话内容。同时,ChatGPT 还可以根据用户的反馈优化模型,不断提升业务水平。

2. 文章

ChatGPT 还可以生成文章。ChatGPT 能够模仿人类的写作风格和语言表达能力,生成高质量的文章,这项技术的核心是深度神经网络模型。

ChatGPT 可以对文本进行自动化分析和处理，生成符合用户要求和需求的文章。

ChatGPT 无须构思，可以在短时间内完成文章的撰写和整理。此外，ChatGPT 支持多种语言的写作，可以覆盖全球范围内的用户，打破了语言壁垒。

3. 软件程序

ChatGPT 可以使用 Python（一种动态的、面向对象的脚本语言）语言生成软件程序，常见的模型训练方法包括 RNN、LSTM（long short-term memory，长短时记忆网络）、GRU（gate recurrent unit，门控循环单元）、sed（stream editor，流式编辑器）等。Transformer 模型在软件程序生成领域得到了广泛应用，表现优异。用户在模型训练中，需要注意控制超参数，如 Batch size（批量大小）、Epoch（时期）、Learning rate（学习速率）等，以提高模型的训练效果。

2.1.3　多模态交互：可实现多场景商用

ChatGPT 具有强大的多模态交互能力，可实现多场景商用。相较于其他同类产品，ChatGPT 具有三个技术特点，如图 2-2 所示。

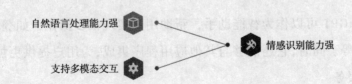

图 2-2　ChatGPT 的三个技术特点

1. 自然语言处理能力强

在聊天机器人的研发过程中，自然语言处理一直是其中的难点，而

ChatGPT 具有较强的自然语言处理能力,能够完成语言理解、语义分析等任务。

2. 情感识别能力强

ChatGPT 还具有较强的情感识别能力,能够较好地感知用户的情感状态并及时作出反应,为用户提供更加个性化的服务。

3. 支持多模态交互

ChatGPT 支持多种交互方式,包括语音、文字、图像等,从而能够更好地满足用户的不同需求和习惯。

基于以上特点,ChatGPT 可以在诸多场景中实现商用。

1. 在线客服

在线客服作为企业与客户沟通的有效渠道之一,其效率直接关系企业的商业效益。ChatGPT 作为一种全天候在线的服务工具,可以完成普通客服难以完成的任务。例如,通常情况下,客户的问题有相似性,人工客服必须逐一解答这些重复的问题,需要耗费大量的人力和时间,而 ChatGPT 可以很好地应对这样的场景。

2. 智能助手

ChatGPT 可以作为智能助手,帮助用户实现很多操作,如登录、注册、查询等。同时,它还能够与其他应用程序集成,为用户提供更加便捷、优质的服务。

3. 智能客服

智能客服作为在线客服的升级版,其主要功能是为用户提供更加个性化、精准的服务。在这个场景中，ChatGPT 可以利用自身强大的自然语言处理和情感识别能力，为用户提供更准确的信息和建议，提高用户体验。

4. 营销助手

ChatGPT 可以作为营销助手，帮助企业优化营销流程，提高营销效率。它可以为企业提供个性化推荐和精准投放广告服务，助力企业实现商业价值最大化。

ChatGPT 在商用领域的表现已经得到业内的广泛认可，其优良的性能和人性化的设计，为企业提供了更加智能、个性化的服务解决方案。虽然目前 ChatGPT 还存在一些问题和挑战，如语言处理和情感识别不够精确、培训难度较大等，但其发展前景广阔，将成为多模态交互领域的重要工具。

2.1.4 开放插件接口：可接入其他应用

ChatGPT 开放插件接口，可以接入其他应用。通过这样的设计，用户可以根据自己的需求，定制自己所需的 ChatGPT，同时，这也便于开发者在原有的 ChatGPT 模型的基础上开发新的应用。ChatGPT 的插件系统具有极强的灵活性，用户无须具备开发技巧即可在 ChatGPT 中添加新功能。

ChatGPT 可以接入其他应用，这意味着 ChatGPT 可以直接与其他应用交互，从而灵活地处理一系列问题。以用户的购物需求为例，当用户在 ChatGPT 中表达了自己的购物需求后，ChatGPT 可以自动调用用户的购物应用程序，从而帮助用户完成购物。

以用户的查询需求为例，当用户在 ChatGPT 中询问新闻、股票等信息时，ChatGPT 可以直接调用相应的插件响应用户的需求。开放插件接口是 ChatGPT 的亮点之一，它不仅使得 ChatGPT 能够根据用户需求进行自适应学习，提高响应速度，而且降低了 ChatGPT 的使用难度和成本，丰富了下游应用生态。利用开放插件接口对 ChatGPT 进行扩展不仅能够减少聊天机器人开发者的工作量，还可以扩大聊天机器人的应用范围。

开放插件接口为 ChatGPT 的应用开拓了更大的空间，在未来的发展中，ChatGPT 技术的应用范围将不断扩大，它将为人们带来更多便捷、舒心的体验。

2.2 联合与竞争：市场风起云涌

ChatGPT 市场风起云涌——微软将 ChatGPT 融入 Bing，Google 发布大语言模型 PaLM 2，ChatGPT 在商业竞争中扮演着越来越重要的角色。

2.2.1 微软将 ChatGPT 融入 Bing，吸引用户

2023 年 2 月 8 日，微软宣布正式上线新版搜索引擎 Bing。新版 Bing 融入了 OpenAI 的 GPT-3.5 模型，可以回答用户的问题，与用户交互。微软董事长萨提亚·纳德拉在新产品发布会上表示，从搜索引擎开始，人工智能将从根本上重塑每个软件类别。

融入了 ChatGPT 的新版 Bing 带有一个扩展的聊天框，这个聊天框不仅可以回答用户提的事实性问题，还能够为用户提供各种链接。在 ChatGPT 的帮助下，Bing 还能够为用户即时生成各种个性化的分析、

建议、规划等，解决更加烦琐的搜索问题。

在发布会上，微软展示了新版 Bing 在各种配置下的工作模式。在新版 Bing 中，用户可以选择 AI 注释与传统搜索结果并排，也可以与 Bing 聊天机器人交谈。例如，用户可以要求 Bing 策划一场为期 7 天的出国游，用户还能够进一步向 Bing 聊天机器人提问，如此次旅行需要多少预算、是否可以在此次行程中更改或添加某些内容。

Bing 使用的是升级版 AI 语言模型 GPT-3.5，新版 ChatGPT 的自然语言处理功能更强大，能够通过带注释的答案，调用最新的信息回答用户的提问。

在新版 Bing 上，用户最多可以输入包含 1 000 个单词的问题，生成的回答与网络上的常规搜索结果一同呈现。Bing 生成的内容涉及代码、方案、计划、诗歌、故事、菜单、建议等，囊括了人们在日常生活中多个领域的内容生成和咨询需求。

不可否认的是，整合了 ChatGPT 的新版搜索引擎 Bing 很有可能成为下一个火爆的流量入口，也很有可能改变传统搜索引擎的盈利模式。ChatGPT 可以通过对问题的精准回答来重塑互联网搜索引擎的应用价值。

2.2.2　Google 发布大语言模型 PaLM 2，强势进场

2023 年 5 月 10 日，谷歌召开年度开发者大会，推出了其 AI 领域的最新成果——大语言模型 PaLM 2（pathways language model 2，预训练语言模型 2）。PaLM 2 是 AI 机器人 Bard 模型的升级版，它能够生成多种文本回应用户，同时还可以使用 100 种语言，擅长自然语言生成、软件开发、语言翻译推理、数学等领域的内容创作。

PaLM 2 可以应用于搜索、文档、电子邮件、云服务等各种领域。目前，约 20 种谷歌产品使用了 PaLM 2 模型，轻量级的 PaLM 2 模型可在移动

端运行。

在介绍新的大语言模型时，谷歌 CEO 桑达尔·皮查伊表示，PaLM 2 在很多专业领域都具备优势，例如，在医学领域，当用户咨询体检相关问题时，它可以为用户提供专家级别的服务。

PaLM 2 使用谷歌的定制款 AI 芯片，该款芯片极大地提升了 PaLM 2 的运行效率。PaLM 2 能够使用以 Fortran（公式翻译器）为代表的 20 多种编程语言，也可以使用 100 多种口头语言。PaLM 2 驱动的升级版 AI 聊天机器人 Bard 向 180 个国家和地区开放。

在 PaLM 2 的驱动下，Bard 能够更精准、高明地回答。现如今，Bard 已经接入多种编程工具，拥有强大的编程能力。Bard 学习了 Python、Go（Golang，一种静态强类型、编译型语言）、C++（C plus plus，一种计算机高级程序设计语言）等 20 多种编程语言和谷歌表格（Google Sheets）函数。用户在与 Bard 交互过程中，可以将 Bard 的回答内容导出至谷歌文档、Gmail（谷歌提供的免费网络邮件服务）、第三方协作编程 App 或者谷歌 Colab（Colaboratory，谷歌开发的一种基于云端的交互式笔记本环境）交互式编码工具。

未来，Bard 将与零售巨头、音乐流媒体、送餐服务平台、房产平台、招聘网站和旅游网站融合。Bard 能够用英语、韩语和日语回复，谷歌正在为 Bard 开发更多语言。

未来，Bard 的回答中有可能包含图片、文档、地图、Gmail、表格等信息，Bard 将在以 Adobe 为代表的第三方工具的支持下回复用户更多的问题。

2.2.3　众企业发布聊天机器人计划，瞄向 ChatGPT

随着 ChatGPT 的火爆，众多企业加大研发力度，发布聊天机器人计划，如阿里巴巴发布的"通义千问"大模型、商汤科技发布的"商汤日日新 SenseNova"大模型、昆仑万维发布的"天工"大模型等。可见，语言模型领域的竞争日益激烈。

许多企业纷纷进入聊天机器人市场，研发类 ChatGPT 聊天机器人产品，这些企业通常拥有强大的算力、成熟的算法、丰富的数据以及针对不同场景的解决方案。

2023 年 4 月 10 日，商汤科技公布了以"大模型 + 大算力"实现 AGI（artificial general intelligence，通用人工智能）的发展战略，并正式推出"商汤日日新 SenseNova"大模型。

该模型包含内容生成、自然语言处理、自定义模型训练、自动化数据标注等多种大模型及能力，具有超长文本理解和多轮对话能力，可以帮助程序开发者更高效地调试和编写代码。商汤基于大装置的能力，构建了自然语言处理、决策智能、AI 内容生成、计算机视觉、多模态等多个领域的大模型。

现如今，该大模型体系下的语言大模型促使商汤的业务实现了诸多突破。例如，基于"商汤日日新 SenseNova"的视觉大模型，商汤在智能驾驶领域实现了可识别千余物品种类的 BEV（bird's eye view，鸟瞰）环视感知算法量产，并建立了决策感知一体化的多模态自动驾驶模型，形成更加强大的动机解码、行为、环境能力。

未来，商汤将基于 AI 大装置和"商汤日日新 SenseNova"大模型，向商业伙伴提供自定义大模型训练、自动化数据标注、开发效率提升、模型推理部署、模型增量训练等多种大模型服务，以推动行业生态繁荣和通用人工智能的技术突破。

2023 年 4 月 11 日，阿里巴巴在阿里云峰会上正式发布大语言模型"通义千问"。通义千问是一个规模庞大的语言模型，具备多语言支持、文案创作、多轮对话、多模态理解、逻辑推理等功能。通义千问的多模态知识理解功能支持与用户进行多轮交互，形成强大的文案创作能力，支持编写邮件、续写小说等。通义千问大模型在未来将接入阿里巴巴所有产品，包括淘宝、天猫、盒马、高德地图、钉钉、优酷等。

在智能客服方面，通义千问大模型所涉及的自然语言处理、大数据、机器学习、语义分析和理解等 AI 技术，适用于研发智能客服机器人。基于先进 AI 技术推出的智能客服能够更好地理解用户的问题，给予用户准确的回答，甚至可以让用户察觉不到是与 AI 对话。

在电商营销方面，通义千问大模型能够通过优秀的数据分析能力指导商家的营销策略，帮助商家及时发现营销策略中存在的问题。

在智能推荐方面，电商平台可以利用通义千问大模型的 AI 算法实现对海量数据集的深度学习，以分析用户行为和特征，了解用户的购物倾向，实现精准营销。

2023 年 4 月 17 日，昆仑万维联合奇点智源研发的"天工"大语言模型正式发布，成为国内首个 ChatGPT 驱动的双千亿级大语言模型。

目前，天工最多能够支持 1 万多字节的文本对话，完成 20 多轮次用户交互，支持多种问答场景，其体验成熟度与产品完成度已经不再停留在"尝鲜级"，而是达到了真正意义上的"应用级"。

天工大语言模型的文、理应用能力突出，其借助自然语言与用户进行问答交互，AI 生成能力可以满足知识问答、数理推算、文案创作、逻辑推演、代码编程等多元化需求。针对应用范围广泛的知识问答与文案写作场景，昆仑万维持续进行性能提升与模型迭代，使得天工从一诞生，就具备超强的 AI 智能助手功能。

此外，天工在实时性的回答上表现尤为突出。例如，天工知道淄博烧烤是 2023 年的热点，这意味着天工拥有十分敏捷的训练数据，且天工的提炼总结能力很强大。

在众多企业纷纷涌入 ChatGPT 应用市场的当下，企业要关注

ChatGPT 对市场竞争的影响，ChatGPT 能够推动企业加快创新和研发的步伐，加速科技行业的进步。不过，企业不能为了追求短期利益，而陷入恶性竞争，忽略了对可持续发展的关注。

2.3　ChatGPT 应用价值

ChatGPT 作为一种先进的 AIGC 技术，拥有广泛的应用价值，它能够使内容创作变得流程化、自动化，推动 AIGC 向更多的领域延伸。

2.3.1　内容创作流程化、自动化

1.ChatGPT 的内容创作流程

在内容创作领域，ChatGPT 可以促使内容创作流程化、自动化。以文章编辑为例，ChatGPT 能够以流程化的方式完成构思、写作、审稿、编辑等环节，如图 2-3 所示。

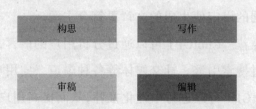

图 2-3　ChatGPT 的内容创作流程

（1）构思。ChatGPT 可以根据用户提供的信息，帮助其完成构思。例如，当一个作家需要一个关于旅游目的地的故事线时，ChatGPT 可以根据该地区的历史、文化、风景等信息，帮助作家构思一个合适的故事线。

（2）写作。ChatGPT 可以像写作助手一样，帮助作家完成文章的写作。在输入文章标题和大纲之后，ChatGPT 可以通过对现有文本库的分析，摘录相应段落和语句，帮助作家填充文章内容。

（3）审稿。ChatGPT 可以帮助编辑人员快速完成稿件的初审工作。在获取文章之后，ChatGPT 可以通过机器学习算法进行自动分析，并输出一份初审报告，帮助编辑人员更快地了解文章的质量和主题。除此之外，ChatGPT 还可以在校对方面发挥作用，它能够自动检查和纠正文章的语言、语法和格式。

（4）编辑。ChatGPT 可以帮助编辑人员高效地规划和组织文章结构。在输入详细的编辑要求之后，ChatGPT 可以根据文章内容和主题帮助编辑人员组织和改写文章。通过自然语言处理技术，ChatGPT 可以更好地理解作者意图和文章结构，从而提供更准确和有效的编辑建议。

2.ChatGPT 文本内容创作自动化

ChatGPT 提升了文本内容创作的自动化程度，具体体现在以下几个方面：

（1）自动生成文章。ChatGPT 可以通过分析海量文章，学习写作风格和格式，生成符合人类逻辑的文章。在自动生成文章的过程中，用户可以通过关键词的设定使生成的文章更符合主题。

（2）内容推荐。ChatGPT 可以通过分析用户的语言，判断用户的兴趣爱好，并通过搜索引擎、社交媒体等各种渠道，向用户推荐符合其兴趣的内容。ChatGPT 可以进行个性化推荐，从而提高用户黏性和忠诚度。

（3）自动发布和分发。ChatGPT 可以自动将内容发布到各种平台和渠道，并且可以根据不同的需求，进行自动化的内容分发。ChatGPT 可以按照设定好的流程自动发布和分发内容，以提高内容传播效率，减少人力资源成本。

2.3.2　推动生成式 AI 和 AIGC 行业融合发展

AI 在各个领域都得到了广泛应用，其中自然语言生成和对话系统便是 AIGC 应用的一个重要方向。在这个领域中，ChatGPT 无疑是一种十分有趣且有前景的技术，它不仅可以模拟人类的对话交流，还能够学习人们的说话方式和生活经验。ChatGPT 是如何推动生成式 AI 与 AIGC 行业融合发展的？

生成式 AI 是基于深度学习技术的一种自然语言生成技术，目的是让机器根据输入的内容，如图像、文本等，生成高质量的自然语言文本。而 AIGC 则是 AI 技术应用于内容制作领域的一个重要方向，它不仅可以创造各种富有创意和想象力的内容，还可以为用户提供个性化内容推荐和创作策略指导。随着 ChatGPT 的出现，生成式 AI 和 AIGC 行业的融合发展不可避免。

ChatGPT 可实现基于文本或语音输入的对话交流，在这个过程中，机器会学习人类的语言风格和表达方式，并根据对话上下文生成具有连贯性和符合语境的回应。换句话说，ChatGPT 实际上是一种基于生成式 AI 技术的应用，可以生成高质量的自然语言文本。

在生成式 AI 领域，ChatGPT 有着非常广阔的应用前景。目前，ChatGPT 可以用于人类与机器之间的自然交流，如机器人智能客服、智能语音助手等。未来，ChatGPT 有望作为一种全新的通信工具，使人与机器的交流变得更加智能和自然。

在 AIGC 领域，ChatGPT 可以作为一种高效的工具协助用户创作内容，为用户提供实时、互动性强的体验。ChatGPT 可以通过对话模型预测用户的创作偏好和创作风格，提高内容的完整性和精准度。另外，ChatGPT 还可以帮助用户解决创作中的难题，为他们提供一些有效的创作建议，提高创作的趣味性和灵活性。

总之，ChatGPT 是一种极具前景和潜力的技术，它推动了生成式 AI 与 AIGC 行业的融合发展，带来了新的商业机会。尽管目前 ChatGPT 还面临一些挑战和问题，如逻辑不连贯、语法错误等，但随着深度学习技术的进一步发展和完善，ChatGPT 的应用价值将更加凸显。

第3章

职业趋势：传统职业变革+催生新职业

随着人工智能技术的不断发展和普及，ChatGPT 被引入传统职业，这种变革虽然在一定程度上会对传统职业造成冲击，但是也带来了更多机遇。ChatGPT 不仅可以提升工作效率、减轻工作负担，还可以实现工作的智能化、规范化和自动化，为传统职业的转型提供新的方向。

3.1　ChatGPT 变革传统职业

ChatGPT 将变革传统职业，如数据输入与处理类职业、咨询服务类职业、翻译类职业、报告撰写及内容生成类职业。许多行业将利用 ChatGPT 提高工作效率，实现数字化发展。

3.1.1　数据输入与处理类职业

随着新一代技术的快速发展，ChatGPT 已经成为许多行业的利器。在数据输入与处理类职业中，ChatGPT 大显神威，极大地提高了效率，减少了错误率。

1. 数据输入

在数据输入类工作中，人力成本始终是一个较高的开支，而 ChatGPT 的出现，可以大幅降低人力成本，而且效率更高。在现实中，许多企业已经开始使用 ChatGPT 完成数据录入、数据加工、数据分析等工作。

其中，在数据录入这一环节，传统的方式是让员工在电脑上逐一输入数据，这样的录入方式速度及精度都无法保证。而 ChatGPT 应用在这一环节中，不仅可以提高速度，而且能够实现更高的精确度。相关统计数据显示，使用 ChatGPT 可以使数据录入效率提高 50% 以上。

在数据加工及数据分析方面，ChatGPT 也"得心应手"。通过学习算法，ChatGPT 可以对数据进行分类、筛选，能够高效地完成大量数据统计及可视化处理工作。与传统手动处理数据相比，ChatGPT 节省了大量的时间，提高了工作效率，并且降低了错误率。

2. 数据处理

在数据处理类职业中，ChatGPT 也显示出巨大的潜力。在银行、保险、证券等金融机构中，数据处理需要审核、统计和分析大量数据，以寻求财务优化、风险管理和业务营销的最佳方案，然而，审核、统计和分析这些数据是困难且烦琐的工作。而 ChatGPT 可以将这些任务分配到几个环节中，自动进行数据审核、统计和分析，从而极大地提高了效率，降低了错误率。

ChatGPT 不仅简化了数据处理职业中的日常工作，而且还为企业探索数据智能化发展趋势提供了启示。随着自然语言处理技术和人工智能技术不断发展和成熟，ChatGPT 将会越来越智能化，更加有力地推动各行各业智能化发展。

此外，随着智能机器人技术的成熟，ChatGPT 可能会带来更多创新与应用，例如，智能推荐、智能客服和智能管理等领域的应用，这将为企业带来无限商机和更高效的服务模式。

ChatGPT 在数据输入与处理类职业中的应用有着广阔的发展前景，其不仅带来了便捷、高效的工作方式，同时为该类职业未来的发展指明了道路。我们相信，随着技术的进一步发展和应用，ChatGPT 将带领我们走向更加智慧的未来。

3.1.2　咨询服务类职业

近年来，人工智能技术的快速发展为各行各业带来了机遇和挑战，其中，在咨询服务领域，聊天机器人成为一个备受关注的话题。而

ChatGPT 则是一款特别适合这一领域的工具，可以帮助咨询师更高效地与客户沟通，为客户提供更优质的服务体验。

ChatGPT 可以在咨询服务领域承担很多重要的角色。例如，它可以作为一个客户服务热线，接收客户的咨询和查询，并通过预设好的应答，为客户提供即时的解答和建议。此外，ChatGPT 还可以扮演一个信息采集员的角色，对客户的需求进行分类和汇总，为后续的咨询提供重要的参考。

此外，ChatGPT 还可以利用人工智能技术，为客户提供个性化的咨询服务。例如，通过对客户的历史咨询记录进行分析，聊天机器人可以推荐与客户兴趣相关的服务，从而提升服务的针对性和客户对服务的满意度。此外，聊天机器人还可以利用智能导航功能，引导客户选择适合他们的产品或服务，有效提高销售转化率。

当然，ChatGPT 在咨询服务领域的应用也存在一些挑战和问题。例如，由于大多数客户比较依赖人工咨询，他们可能需要一些时间适应新的咨询方式。此外，聊天机器人在咨询服务领域的应用，还需要不断地进行技术创新和升级，以保证优质的互动体验和较高的服务质量。

总之，ChatGPT 在咨询服务领域的应用具有巨大的潜力和广阔的前景，通过不断地进行技术创新，我们相信它一定能成为一个更加智能、高效、便捷的咨询服务工具，能够为客户提供更好的服务体验。

3.1.3 翻译类职业

翻译类职业最大的挑战莫过于语言和文化的差异。语言是人们沟通的工具，每种语言都有其独特的表达方式和文化背景，这意味着翻译人员除了要熟悉语言外，还要对不同语言背后的文化、惯例等方面有足够的了解，而这需要长时间的积累和经验的提升。

此外，翻译人员需要解决的还有特定行业背景下的术语、用语等问题。比如，医学、法律、金融等领域，其术语和用语都有着非常高的专业性和技术含量，需要翻译人员有丰富的知识储备和专业的经验，而这些专业性要求提高了翻译人员的入门门槛。

针对翻译类职业中的这些挑战，ChatGPT 提供了多种智能服务，能够有效地辅助翻译人员完成翻译任务。具体来讲，ChatGPT 在四个方面为翻译人员提供帮助，如图 3-1 所示。

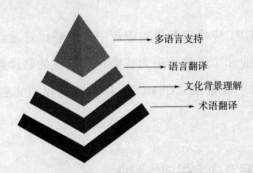

图 3-1　ChatGPT 为翻译人员提供的四个帮助

1. 多语言支持

ChatGPT 支持多种主流语言，包括中文、英语、日语、韩语、法语、德语、俄语、西班牙语等，能够帮助翻译人员快速转换语言。

2. 语言翻译

ChatGPT 通过自然语言处理技术和机器翻译技术，能够快速识别输入的语言，并进行智能化翻译，这种方式能够提高翻译效率，同时也能够避免严格意义上的翻译错误。

3. 文化背景理解

ChatGPT 在进行翻译时，不仅考虑语言之间的转换，还会考虑不同文化背景的敏感性。对于一些存在文化差异的语言表达，ChatGPT 会根据不同的文化背景，进行合理的转换，从而达到更好的语言沟通效果。

4.术语翻译

在翻译特定行业的文章、文献时，ChatGPT 能够充分利用自然语言处理技术，对文章中的术语、专业用语等进行识别和翻译，这能够帮助翻译人员更快地了解文章的内容，同时也能够避免由于对特定行业不熟悉导致翻译错误。

总之，ChatGPT 应用在翻译类职业中，能够很好地解决翻译人员的工作难题，为企业和个人提供更为智能化、高效的翻译服务。未来随着人工智能技术的不断发展，ChatGPT 将不断优化和完善，成为翻译类职业的得力工具。

3.1.4　报告撰写及内容生成类职业

随着人工智能技术不断发展，越来越多的职业和行业开始应用人工智能技术，以提高工作效率和质量，其中，报告撰写和内容生成职业也不例外。ChatGPT 是一种在这方面有着广阔应用前景和突出优势的人工智能技术。

ChatGPT 可以帮助内容提供者和翻译人员自动处理任务，加速文档处理流程，提高工作效率，其在提供准确的内容的同时，还能够保证文档的一致性和标准化。

在报告撰写工作中，ChatGPT 可以帮助内容提供者快速、准确地找到所需信息，加快撰写报告的速度，提高报告的质量。它可以利用人工智能技术透彻地理解自然语言，提供更智能、更自然的交互方式，在较短的时间内高效地生成高质量的报告。

对于各个行业来说，内容生成都是一项日常工作，例如，撰写新闻稿、广告文案、市场调研报告、宣传材料等，ChatGPT 可在这些领域起到重要作用，它能够自动生成和优化项目或业务的文案，减少手动撰写的工作量，节省时间，提高工作效率。

目前，越来越多的企业采用 ChatGPT 模型撰写内容并进行训练，以根据企业的特定标准生成合适的文档，这有助于文档风格保持一致性，帮助员工更快地完成任务。

ChatGPT 在报告撰写及内容生成领域有四个明显的优势，如图 3-2 所示。

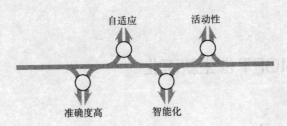

图 3-2 ChatGPT 在报告撰写及内容生成领域的优势

1. 准确度高

ChatGPT 采用自然语言处理技术，能够准确地理解用户的语言，根据用户需求生成准确的文档，避免因理解误差而浪费时间。

2. 自适应

ChatGPT 可以根据用户的反馈不断改善自己的表现，学习新的知识和技能，提高内容生成的准确性与效率，进一步提高用户体验。

3. 智能化

ChatGPT 在语音识别和自然语言处理等领域处于领先地位。ChatGPT

能够对词库的词汇进行更新，进一步提高自身的智能程度。

4.活动性

ChatGPT 可与任何平台整合，包括各种文本编辑软件，能够与不同的文档格式和要求无缝集成。

在报告撰写和内容生成领域，ChatGPT 的应用为从事这些职业的人员带来了许多便利，使他们提高了工作效率和质量，为他们带来了更多职业发展机会，推动了整个行业的发展。

3.2　ChatGPT 催生新职业

ChatGPT 不仅提高了各行各业的工作效率,还催生了很多新的职业,这些职业在未来将会释放巨大价值,为用户的职业发展提供新方向。

3.2.1　提示词工程师：引导 AI 给出更好的结果

ChatGPT 提示词系统的设计者被称为提示词工程师。提示词工程师的职责是设计能够让聊天机器人尽可能了解用户问题的关键词，使 ChatGPT 与用户的对话更加流畅。

对于 ChatGPT 而言，一个实用的提示词系统是很有价值的，而这个系统的搭建，需要依靠提示词工程师来完成。随着人工智能技术日益成熟以及大众的接受程度不断提高，越来越多的企业和机构开始重视提示词工程师。

ChatGPT 能够担任提示词工程师的角色，其不仅能够集成最新的人工智能技术，并且在提示词系统的设计上极为注重细节，能够使用户与机器人之间的交互更加流畅、自然。聊天机器人通过引导用户输入相关的问题，从而获取更多关于问题或主题的信息。提示词对于用户的提问和聊天机器人的回答都有着非常重要的作用。

ChatGPT 作为一种人工智能技术，具备提示词系统。ChatGPT 能够对用户输入的信息进行智能分析，从而获知用户的真实需求。通过这种方法，ChatGPT 得以在准确理解问题的基础上，给出更准确的回答。

同时，ChatGPT 还可以识别用户提供的提示词，并基于这些词提供更加准确的答案。通过完美结合智能算法和提示词系统，ChatGPT 的功能更加强大，可以为用户提供更优质的体验。

一名优秀的提示词工程师需要具备四种能力，如图 3-3 所示。

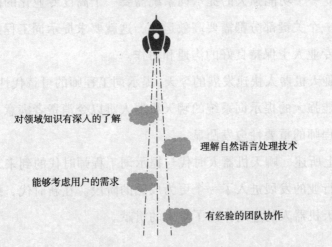

图 3-3　一名优秀的提示词工程师需要具备的四种能力

1. 对领域知识有深入的了解

一个功能强大的提示词系统需要建立在对特定领域知识的深入理解

上，提示词工程师需要具备专业领域的知识，以引导用户提出问题。

2. 理解自然语言处理技术

自然语言处理是能够让计算机理解和分析自然语言的技术，提示词工程师需要掌握这种技术，以帮助聊天机器人更好地理解和处理用户输入的问题。

3. 能够考虑用户的需求

提示词工程师不仅需要具备特定领域的知识和技术，还要能够理解用户的真实需求，他们需要保证设计出来的提示词系统能够不断完善，给用户提供优质体验。

4. 有经验的团队协作

建立一个功能强大的提示词系统需要一个高度专业化的团队，系统中的每一个关键部分都需要高效运作，这就要求提示词工程师和其他人工智能专业人士保持良好的沟通和协作。

在聊天机器人快速发展的今天，提示词工程师的可替代性越来越小。没有功能强大的提示词系统的聊天机器人难以令消费者满意，因此，提示词工程师的重要性愈发凸显。

综上所述，聊天机器人时代与提示词工程师时代的到来，标志着人工智能行业的发展进入了一个更为成熟的阶段。在新时代，提示词工程师为聊天机器人的应用作出了重大的贡献。

3.2.2 AI 内容审核：验证智能生成内容的真伪

近年来，随着社交媒体的普及，人们对网络内容的需求越来越强烈。

网络上充斥着各种信息，但不都是真实的信息，存在很多谣言、虚假信息、负面信息，用户要想挑选出真实、高质量的内容并不容易。如何快速、准确、有效地进行内容审核，成为一个亟待解决的问题。

在这种背景下，人工智能技术的应用，尤其是聊天机器人的应用，受到广泛关注。ChatGPT 是一种将自然语言处理、机器学习等技术应用于文本分析、语义理解等领域的 AI 应用，可以用于内容审核。

ChatGPT 在内容审核方面的应用，主要采用分析文本的关键字、文本分类、情感分析、主题提取等技术，实现智能化的内容审核和精准的内容分类与推荐。在智能审核方面，ChatGPT 能够对不同来源的内容进行审核，判断其是否符合网站规定以及其可信度，提高信息审核的效率和准确性。

在一些大型社交网站和新闻网站上，ChatGPT 成为内容审核的重要工具。比如，ChatGPT 可以自动审核公众号文章、图文信息等用户发布的内容，从而保证网站上的内容质量，并最大限度地避免散布虚假信息和谣言。

除了内容审核外，ChatGPT 还可以应用在其他领域。例如，在教育领域，ChatGPT 可作为在线学习、智能问答等工具，帮助教师和学生更好地进行教学活动。ChatGPT 也可以用于智能客服、智能问答、智能理财、智能电商等领域，给人们的生活带来便利。

总之，ChatGPT 在内容审核领域的应用前景十分广阔，它实现了对网络内容的快速、准确和自动化审核，打破了传统的人工审核的瓶颈。未来，ChatGPT 将会广泛地应用在各个领域。

3.3　ChatGPT 热潮下的冷思考

近年来，随着人工智能技术的迅猛发展，ChatGPT 逐渐成为热门话题。各大科技企业之间的激烈竞争引发了 ChatGPT 热潮下的冷思考：ChatGPT 带来了哪些机遇和挑战？如何应对这些机遇和挑战？人机关系在未来将会朝着什么方向发展？这些问题值得我们深入思考和讨论。

3.3.1　职业思考：ChatGPT 火爆带来的机遇与挑战

近年来，随着人工智能技术的快速发展，聊天机器人作为其中一个应用场景开始受到越来越多的关注。ChatGPT 是一种能够模仿人类对话方式、与人类进行自然交互的智能对话系统，它以语音交互和文字交互为主要形式，广泛应用于智能客服、智能语音助手、智能营销等领域。

ChatGPT 的火爆既带来了机遇，也带来了挑战。

1. 机会所在：应用领域广泛，市场需求大

ChatGPT 应用领域广泛，可以应用于智能客服、智能语音助手、智能营销等多个领域。以智能客服为例，ChatGPT 可以为商业银行、保险公司、电商卖家等商业主体提供 7×24 小时无人值守的在线客服服务，能够将客户的询问、投诉、建议等问题通过语音或文字转化为机器可识

别的数据，并进行分析、回答，提高客户服务效率。在智能语音助手领域，ChatGPT 可以通过语音对话的方式帮助用户完成日常生活中的一些操作，如点播音乐、查询天气、预约医生等。

2. 技术挑战：语义理解、情感识别

ChatGPT 作为一种模仿人类对话的智能机器人，在技术研发过程中也遇到了一系列挑战，其中最主要的挑战是语义理解和情感识别。

语义理解是指机器能够理解人类的自然语言，并能理解对话意图和含义，这需要攻克自然语言处理领域的词性标注、分词、语法分析、语义角色标注等技术难点。另外，随着智能机器人在聊天交互中的应用越来越多，如何在提高对话效率的同时减少训练成本，也是当前需要攻克的难题。

情感识别则是指机器能够理解用户所表达的情感，包括愤怒、高兴、沮丧、焦虑等，这需要机器具备情感分析、情感计算等能力，从而与用户进行更加自然、人性化的对话。

3. 用户体验：设计用户友好的交互界面

ChatGPT 的用户体验直接关系用户是否选择继续使用。设计用户友好的交互界面，是提升用户体验的关键。设计者在设计 ChatGPT 的用户界面时，需要考虑以下因素：

第一，要注重交互方式的简洁、高效，满足用户快速解决问题的需求。

第二，要优先考虑用户的使用习惯和喜好，探索更适合用户的交互模式。

第三，要关注界面的可视化和信息呈现效果，让用户能够直观、快速地获得信息。

总体来看，ChatGPT 作为一种可以模仿人类对话的智能机器人，具

有广阔的应用前景。随着人工智能技术的不断发展，ChatGPT 的普及程度会更高，可以使我们的生活更智能。

3.3.2 应对之策：了解新技术，以 AI 辅助工作

当今时代，以 ChatGPT 为代表的 AI 技术日新月异，如果企业不主动了解、接受和应用 AI 技术，就有可能在竞争中落败。AI 是目前最为热门的技术之一，越来越多的企业开始使用 AI 技术辅助工作，以提升效率，优化业务流程。企业应该如何正确地认知并使用 AI 技术呢？

首先，企业需要将 AI 技术整合到自身的业务流程中。企业需要充分了解自身的业务流程，在业务流程中找到可以优化、提升的环节和数据，从而采用相应的 AI 技术进行处理。

其次，在整合 AI 技术的过程中，企业要充分考虑人与机器之间的协作与交互，以及数据与模型之间的配合。

然后，对于采用 AI 技术所产生的数据，企业需要进行有效管理。企业应该规定数据采集、存储的标准和方法，采用相应的数据治理和数据分析方法，对数据进行清洗、加工，以减少无用数据，提高数据的准确性和精度。

最后，企业需要持续关注 AI 技术的发展趋势。AI 技术目前正在高速发展和变化，企业应该保持学习的态度，及时了解最新的 AI 应用、相关技术、发展趋势以及行业领先企业的实践和经验，不断调整和升级自己的 AI 技术应用。

在企业内部，AI 可以用于完成重复性、简单的任务，减轻员工的工作负担。例如，AI 可以协助人力资源部门在筛选简历时快速识别最合适的候选人。此外，AI 还可以对销售数据进行分析，从而提升营销效率和客户满意度。

企业该如何利用 AI 技术提高工作效率呢？主要有四个建议，如图 3-4 所示。

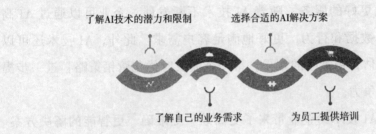

图 3-4　企业利用 AI 技术提高工作效率的方法

1. 了解 AI 技术的潜力和限制

在使用 AI 技术时，企业要了解该技术的潜力和局限性。虽然 AI 可以帮助企业提高工作效率，但它并不是万能的，需要大量数据的支持，因此，企业需要确保拥有足够的数据来支撑 AI 技术的应用。

2. 了解自己的业务需求

企业还需要了解自己的业务需求，以选择最适合自身发展的 AI 技术。如果企业想要提高客户服务质量，可以使用自然语言处理技术，以更好地解决客户的问题。

3. 选择合适的 AI 解决方案

企业需要选择最适合自身的 AI 解决方案。由于市场上有很多种 AI 技术，因此企业需要认真评估不同的技术，以找到最适合自己的 AI 解决方案。

4. 为员工提供培训

为了确保 AI 技术能够为企业带来最大的效益，企业需要为员工提供培训。员工需要了解如何使用 AI 技术、如何解读和分析这些技术，以便更好地将其用于工作。

除了提高工作效率之外，AI 还可以帮助企业更好地理解客户需求，为客户提供更好的服务。随着 AI 技术不断发展，企业可以通过 AI 高效分析客户数据和行为，更好地满足客户需求。此外，AI 技术还可以帮助企业评估营销策略的效果，帮助企业及时优化营销策略，进一步提高企业的竞争力。

总之，AI 技术给企业带来了更高效、更准确、更智能的解决方案。企业需要在具体应用过程中，深入了解 AI 基础知识，整合业务流程，有效管理数据，持续学习，以实现 AI 技术价值最大化。

3.3.3　趋势预测：人机关系未来将如何发展

在当今数字时代，计算机技术和人工智能技术不断发展、更新，近年来，聊天机器人成为热门的话题。ChatGPT 是受到广泛关注的一款聊天机器人，其采用了自然语言处理和机器学习等技术，能够帮助人们聊天交流、获取信息等。那么，ChatGPT 的未来发展趋势如何？人机关系会有怎样的变化呢？

首先，ChatGPT 将变得更加智能。在未来，ChatGPT 将不断地从人类的历史数据中学习和积累，逐渐改进其算法、交流方式，智能程度不断提升。

其次，ChatGPT 将更多地应用于商业领域。越来越多的企业开始意识到聊天机器人的巨大商业价值，并逐渐将其应用于客户服务、销售、市场推广等方面。未来，ChatGPT 将成为企业数字化转型的重要工具。

然后，随着 ChatGPT 的发展，人与机器之间的关系也将发生变化。在传统模式下，机器是工具，需要人的控制和指挥。而随着 ChatGPT

的不断升级，人与机器之间的关系可能会变得更加平等和紧密。

最后，在 ChatGPT 不断升级和发展的同时，其应用领域将更加广泛，功能将更加强大。例如，为在线教育和远程医疗提供支持、为金融投资提供咨询服务等。

技术已经改变了我们的生活方式和工作方式，我们现在生活在一个智能化的时代，人工智能、机器人等高科技产品已经成为我们日常生活和工作中不可或缺的部分。除了 ChatGPT，随着科技的不断进步和机器人的普及，将会有更多智能化的机器应运而生，人与机器人之间的关系将会更加紧密。

未来，机器人将会扮演越来越重要的角色，它们将在各个领域发挥作用，例如，医疗、教育、服务、安保等。"无人超市""机器人医生""机器人教师"等已经成为现实。人们与机器人的互动会愈加频繁：一方面，人们将会更加依赖机器人；另一方面，机器人将更加智能，更加贴近人们的需求，真正成为人类的"好帮手"。

人机协同的应用将会更加广泛。在未来，人工智能和机器人将会与人类密切合作，人与机器人之间将形成一种更加紧密的协同模式。例如，在医疗领域，机器人会通过无创手术等技术，减轻医生的手术负担，同时还能够提高手术的成功率和精确度；在工业生产领域，机器人会协同人类完成复杂的机器控制和操作，提高生产效率和质量。

人机互动将会更加智能化。随着人工智能的发展和深度学习技术的应用，机器人将会更加智能，将能够更好地理解用户的需求和情感，感知周围环境，为用户提供更为智能化的服务。例如，机器人将会根据用户的语音和表情来识别用户的情感，根据用户的行为来评估用户的身体健康状况，为用户提供更加个性化和智能的服务。

综上所述，未来人机关系将会更加紧密，人机协同将会朝着智能化方向发展，为我们的生活和工作提供更多便利。同时，我们需要关注机器人的安全性和道德准则，确保这种新的人机关系能够更好地造福人类。

总之，ChatGPT 的应用领域将越来越广泛，机器与人类之间的关系将更加紧密、平等。未来，将会有更多新型应用出现，这些新型应用将为人们提供更加高效、便捷的服务。

中 篇

ChatGPT 开启 AI 新纪元

第 4 章

内容变革：ChatGPT 引领变革，AIGC 获得突破

自 2022 年底 ChatGPT 横空出世以来，它便吸引了许多用户的目光，引起了热议。ChatGPT 的诞生开启了 AI 新纪元，推动了内容生产方式的变革。ChatGPT 背后的 AIGC 技术实现突破，成为新的生产力引擎。

4.1 发展历程：从 PGC 到 AIGC

内容生成方式的发展主要经历了三个阶段，分别是内容质量高但体量小的 PGC（professional generated content，专业生成内容）阶段、内容丰富度得到提升的 UGC（user generated content，用户生成内容）阶段和内容智能高效生成的 AIGC 阶段。

4.1.1 PGC：专业内容生产者生成专业内容

PGC 是一种由专家或者专业机构作为创作主体的高质量内容生成方式。PGC 的内容往往由平台审核并发布，内容质量能够得到保障，具有一定的价值与竞争力。

虽然互联网上的大多数内容都是由专家创作的，但 PGC 概念的真正普及是由内容平台、知识付费企业和互联网媒体机构推动的。PGC 内容创作的主体是平台和企业，它们能够保障内容的专业性，具备较强的内容生产能力。它们一般以用户需求为中心对内容进行加工，借助高质量原创内容赚取内容创作收益，如版权作品、在线课程等。同时，它们所生产的高价值内容能够吸引大批流量，最终实现流量收益。

现阶段，PGC 这一内容生产方式仍被广泛应用，例如，腾讯视频、优酷、爱奇艺等平台的影视作品，虎嗅、36 氪等平台的新闻资讯，网易云课堂、"得到"等平台的音视频课程等，都属于 PGC 内容生产的范畴。

PGC 具有针对性强、质量高、易收益等优势，但也存在明显的不足。

例如，专业性内容对质量要求较高，导致内容创作周期较长，创作门槛较高；PGC 内容的产量不足、多样性欠缺，导致用户的多样化需求无法得到更好的满足。PGC 存在的诸多缺陷催生了新的内容生产方式的诞生。

4.1.2　UGC：用户转变为内容创作者

在 PGC 模式下，用户只是内容的浏览者，无法参与内容创作。随着用户内容创作需求的爆发，UGC 内容生产方式应运而生。在 UGC 模式下，用户可以作为创作主体，生产个性化、多样化的内容。

在 UGC 模式下，用户从内容消费者转变为内容创作者，展现自身的创造力。UGC 内容生产方式迎来爆发式增长，逐渐成为内容生产新趋势，内容创作主体也逐渐从企业和平台转变为用户。专业性已经不再是内容创作的主要门槛，非专业人士也能够创作出大众喜闻乐见的内容。互联网迎来了用户创作内容的新时代。

在微博、微信等社交平台上，用户能够通过图文形式记录、分享自己的生活，同时能够了解他人的生活；在豆瓣、贴吧、知乎等论坛上，用户可以自由探讨感兴趣的文章、书籍和影视作品；在快手、抖音等自媒体平台上，用户能够通过短视频的形式获取关注和流量，还能够实现流量收益。在各类平台的角逐之下，内容生产方式逐渐从 PGC 向 UGC 转变，用户成为内容创作主体。

虽然 UGC 内容生产方式具有一定的优势，但也存在一些问题。例如，用户素质参差不齐，平台需要耗费大量成本和精力去训练创作者，审核创作者发布的内容，把控创作者的内容版权。在 UGC 内容生产方式下，虽然内容供给问题得到了解决，但内容质量、内容版权和内容更新频率等方面依然存在问题。

相较于 PGC 内容生产方式的团队协作生产，在 UGC 内容生产方式下，创作者更多是"单打独斗"，因此，内容的原创程度、内容质量、内容发布频率难以得到很好的保障。在这种情形下，内容创作生态很容易遭到污染和破坏，内容生产效率也难以提升，这催生了新型的内容生产方式——AIGC。

4.1.3 AIGC：实现内容高效智能生成

PGC、UGC 都存在不足，在技术的推动下，利用 AI 自动生成内容的新型内容生产方式——AIGC 诞生。AIGC 能够应用于多个领域，包括 AI 写作、AI 绘画、AI 作曲等。AIGC 的优势在于，能够在保证质量的前提下提升内容创作效率，能够为用户提供更多创意，进一步提高内容生产力。AIGC 的火爆在于其满足了用户对 AIGC 时代内容生产方式的期待，满足了用户对高效、高质量内容的需求。

如今，AIGC 发展得如火如荼，但在最初，让 AI 学会创作绝非一件易事。起初，科学家将这一领域称为生成式 AI，其主要研究方向为智能文本创建、智能图像创建、智能视频创建等多模态。生成式 AI 基于小模型，这种小模型需要通过标准的数据训练，才能够应用于解决特定场景的任务，因此，生成式 AI 的通用性比较差，难以被迁移。

同时，生成式 AI 需要依靠人工调整参数，因此很快被基于强算法、大数据的大模型取代。基于大模型的生成式 AI 不再需要人工调整参数，或者只需要少量调整，就可以迁移到多种任务场景中，其中，生成对抗网络是 AIGC 基于大模型生成内容的早期重要尝试。

生成对抗网络能够利用判别器和生成器的对抗关系生成各种形态的内容，基于大模型的 AIGC 应用逐渐涌现在市场中。直到聊天机器人模型 ChatGPT 出现，AIGC 才实现真正商业化落地。从本质上来说，

AIGC 是一种生产力的变革，其对内容生产力的提升主要体现在以下三个方面：

（1）AIGC 减少了内容创作中的重复性工作，提升了内容的生产效率和质量；

（2）AIGC 将创作与创意相互分离，使创作者能够在 AI 生成的内容中获得思路和灵感；

（3）AIGC 综合了大量训练数据和模型，拓展了内容创新的边界，能够帮助创作者生产出更加独特的内容。

AIGC 符合技术应用和时代发展的趋势，在 AIGC 的驱动下，智能创作时代来临。AIGC 将成为智能生产领域的重量级新角色。

4.2　模态划分：AIGC 成为新的生产力引擎

按照模态划分，AIGC 可以分为文本、音频、图像、视频、游戏等，各个模态都有自己的应用场景与特点。AIGC 能够赋能各个模态，生成更加多样化的内容。

4.2.1　多种模式的文本生成

文本生成是 AIGC 的主要应用领域，有许多应用落地。文本生成主要有两种模式，分别是交互式文本生成和非交互式文本生成。交互式文本生成主要用于需要互动的场景，包括心理咨询、文本交互游戏、虚拟交友等；非交互式文本生成多应用于辅助性写作、结构化写作和非结构化写作等领域。

　　其中，AIGC 在交互式文本生成领域有突出的优势。例如，游戏开发者尼克·沃尔顿推出的一款名为《AI 地下城 2》的游戏就是一款利用 AI 文本生成打造的文字冒险游戏。在游戏中，用户可以通过 AI 生成角色，以祈使句输入行动，游戏 AI 能够根据用户输入的行动生成对应的故事。

　　此外，AIGC 在非交互式文本生成领域的应用也十分常见，其中，辅助性写作主要包括关联内容推荐和内容润色等功能，从严格意义上来说，不属于 AIGC 的范畴。结构化写作常见于新闻资讯和文章标题撰写等领域，非结构化写作常见于营销文本和剧情续写等领域。

　　结构化写作在早期便得到了应用。例如，四川省绵阳市发生 4.3 级地震，中国地震台网利用地震信息播报 AI 机器人在 6 秒内便撰写出一篇 500 字左右的新闻报道；四川省阿坝州九寨沟县发生了 7 级地震，该 AI 机器人不仅在新闻报道中写出震源地地貌特征、天气情况、人口密度等内容，还自动为新闻配置了 5 张地震现场图片，整个撰写过程仅仅花费了二十几秒的时间；在地震后续的新闻跟进中，该 AI 机器人撰写并发布余震资讯仅仅花费 5 秒左右的时间。

　　AI 结构化写作通常具有较强的规律性，能够根据高度结构化的数据生成文章。同时，AI 结构化写作的行文相对客观、严谨，在地震信息播报、股市资讯报道、体育资讯报道和公司年报等方面具有一定的优势。很多媒体机构都有具有结构化写作能力的 AI 小编，如第一财经的 "DT 稿王"、新华社的 "快笔小新"、腾讯财经的 "Dreamwriter（梦想作家）"、今日头条的 "Xiaomingbot（张小明）"、封面新闻的 "小封" 和南方都市报的 "小南" 等。

　　非结构化写作难度相对较高，需要更加独特的创意，常见于诗歌、小说撰写。即便如此，AI 也展现出强大的非结构化写作能力。例如，微软推出的 AI 机器人"小冰"曾编写并出版诗集《阳光失了玻璃窗》，诗歌富有逻辑、情感和韵律，同时带有朦胧的意象和美感。

　　AIGC 在生成文本方面可以完成大量重复性劳动，解放人力。未来，AIGC 很有可能成为文本内容创作的主要方式，帮助用户节省大量创作内容的时间和精力。

4.2.2　应用广泛的音频生成

　　AIGC 在音频生成领域的应用范围较为广泛，可以生成语音、词曲、有声读物，可以用于语音播报、音乐生成等领域。AIGC 在音频生成领域的应用能够改变传统的生产结构与商业模式，减少音频从业者的工作量。音频从业者无须录制音频，只需要输入文字便可以生成音频。

　　AIGC 生成音频的过程并不复杂，用户只需要在相应的软件中输入文本，便会得到 AI 输出的结果。用户导出后，就能得到一份高质量的音频。AIGC 生成音频的使用场景广泛，可以应用于大量文字资料转换为语音内容，还可以应用于语音识别，提高工作效率。目前，AIGC 还处在探索阶段，许多企业正在极力摸索中。

　　在歌曲创作方面，2023 年 1 月，谷歌发布了 AI 内容生成领域的新模型——MusicLM。这是继视频生成工具 Imagen Video（图像视频）、文本生成模型 Wordcraft（单词工厂）之后，谷歌再次推出的内容生成式 AI 模型，而这一新推出的模型瞄准了音乐创作领域。

　　用户想要通过 AI 模型创作音乐并不是一件容易的事情。AI 音乐是在很多信号之间相互作用之下形成的，包括音色、音调、音律、音量等，这是一个充满复杂性的综合系统。早期的一些 AI 自动生成工具创作的音乐往往有明显的合成痕迹，听起来很不自然。

　　此前，可视化 AI 工具 Dance Diffusion（舞蹈扩散）、Riffusion 能

自主创作音乐，OpenAI 也曾推出 AI 音乐生成工具 Jukebox（自动点唱机），但是这些 AI 音乐生成工具受限于数据和技术等因素，只能创作简单的音乐，而对于相对复杂的音乐，它们无法保障音乐的质量和高保真度。AI 模型想要实现真正意义上的音乐自动生成，需要通过大量数据模拟和训练，这是 AI 自动生成工具保障音乐质量必不可少的基础性步骤。

MusicLM 能够在复杂的场景中根据图像和文字自动生成音乐，并且曲风多样。MusicLM 生成的音乐不仅可以满足用户的多样化需求，而且能够最大限度地保障音乐的高保真度。

MusicLM 还支持通过图像生成音乐，世界名作《星空》《格尔尼卡》《呐喊》等都可以作为生成音乐的内容素材，这是 AI 音乐生成领域的一大突破。MusicLM 不仅能够帮助用户识别乐器，还能够融合各种音乐流派，通过用户提供的抽象概念生成音乐。例如，用户想要为养成型游戏配置一段音乐，只需要输入"养成型游戏的主配乐，动感且轻快"，MusicLM 便可以按照要求自动生成音乐。

MusicLM 的训练数据量庞大，为理解深度、复杂的音乐场景提供了坚实基础。针对音乐生成任务缺乏评估数据等问题，MusicLM 专门引入了 MusicCaps 用于音乐生成任务评估。

随着 AIGC 技术不断发展，其应用范围将不断扩大，将能够在语音生成与歌曲创作方面赋能用户，为用户提供更加优质的体验。

4.2.3　实现编辑与设计的图像生成

AIGC 在图像生成领域的典型应用是图像编辑与设计生成。图像编辑包括去水印、提高分辨率等，图像设计生成包括 AI 绘画、设计图纸生成等。AIGC 生成图像能够为许多对创作有兴趣的用户提供便利，满足用户的需求。

在图像编辑方面，AIGC 能够实现智能修图。AIGC 智能修图的原理是使用大量数据对 AI 模型进行反复训练，使得 AI 算法能够根据 AI 模型自行处理缺陷与噪点，生成高质量的图片。AIGC 智能修图比传统的图片编辑更便捷，能够使用户无须进行复杂的编辑便可以获得一张优质的照片。

在图像设计生成领域，AIGC 技术还可以用于创造图像，进行 AI 绘画。以 Midjourney、Disco Diffusion 等为代表的 AI 绘画软件的涌现，广受用户欢迎。

在使用 AI 绘画软件作画时，用户无须手动绘画，只需要在软件中选择自己想要的视角和风格，并输入关键词，AI 绘画软件便能够按照用户需求自动生成一幅高水准画作。AI 绘画凭借高超的技术水准和创作能力，受到了许多用户的青睐。

从生产力的角度来看，AI 绘画是图像生产领域技术层面的飞跃，大幅提升了图像的生产效率和质量。AI 图像是 ChatGPT 在图像生成领域的重要应用，目前，有两种较为成熟的应用工具，分别是图像编辑工具和图像自主生成工具，其中，图像编辑工具的主要功能有增设滤镜、提高图片分辨率、去除图片水印等；图像自主生成工具聚焦功能性图像生成，常应用于海报、模特图、品牌 logo（标志）等图像制作方面，创意图像生成主要应用于随机或者按照特定属性生成画作。

如今，很多互联网用户都在自己的朋友圈和短视频平台分享各种形式的 AI 画作。从运用方式来看，AI 绘画可以分为三类，分别是借助已有图像生成新图像、借助文字描述生成新图像和二者的结合。

AI 绘画是 AI 图像生成技术的具象表现。从技术场景来看，AI 图像生成技术的应用场景可以分为图像属性编辑、图像局部生成及更改、端到端的图像生成三种，具体见表 4-1。

表 4-1 AI 图像生成技术的应用场景

技术场景	落地场景	内　容	现状及未来趋势	代表公司/产品
图像属性编辑	图像编辑工具	图片去水印、调整光影、设置滤镜、修改图像风格、提高分辨率等	市场中已经出现大量应用；未来将持续更新产品使用体验，吸引更多用户	美图秀秀、Photo kit（网络图片浏览器）、Imglarger（AI 照片增强器）、Hotpot（AI 绘画助手工具）等
图像局部生成及更改	图像编辑工具	更改图像部分构成、人物面部特征等，可以调整照片中人物的情绪、神态等	难以直接生成完整的图像，随着 AI 模型不断发展，这类产品将越来越多	Adobe（奥多比）等
端到端的图像生成	创意图像生成，如 NFT（non-fungible token，非同质化通证）；功能性图像生成，如 logo、宣传图等	可以生成完整图像、组合多张图像生成新图像等	当前市场中应用较少，将在未来实现规模化应用	阿里鹿班、Deep Dream Generator（AI 图像生成工具）、诗云科技等

AI 图像生成技术不断发展并实现商业化应用，其市场十分广阔。未来，AI 图像生成将为艺术创作提供更多可能性。

4.2.4　赋能创作者的视频生成

根据给定的文本、图片，AI 能够自动生成符合场景的视频内容。AIGC 技术应用于视频生成领域，能够为用户提供创作工具，辅助用户进行内容创作，降低内容创作门槛。

在视频剪辑方面，目前已经出现了许多 AI 工具。2022 年 9 月，Meta（元宇宙平台公司）宣布推出其内部开发的 AI 系统 Make-A-Video（元视频），该系统可以根据用户输入的文字或者词语生成短视频。Make-A-Video 的特色是用户可以输入一连串词语，例如，用户输入"穿着蓝色卫衣的小猫在天空中飞翔"，Make-A-Video 便可以生成一段 5 秒的视频。虽然视频还不够精良，但体现了文字生成短视频领域的一大进步。

Meta 认为，文字生成短视频比文字生成图片的难度更大，因为生成视频需要运用大量的算力。Make-A-Video 系统需要运用数百万张图像进行训练，才能够拼凑出一个短视频，这意味着，只有有能力的大型公司才有可能研发出文字生成短视频系统。

为了训练 Make-A-Video，Meta 使用了三个开源图像和视频数据集的数据。Make-A-Video 通过在文本转图像数据集中标记静态图的方式，学习物体的名字与外形，学习这些物体如何移动，从而根据文本生成视频。

Meta 认为，Make-A-Video 能够为创作者带来全新的机会。未来，随着这一工具的迭代，其将以更加强大的功能助力用户的短视频创作。

除了 Make-A-Video 外，还有一些其他的短视频制作工具，例如，能够一键生成短视频的平台 QuickVid（快视）。QuickVid 能够借助 GPT-3 编写短视频脚本，并从短视频脚本中提取重要内容，基于重要内容自动选择视频背景。同时，QuickVid 利用 DALL-E 2（Open AI 文本生成图像系统）文本生成图像、Google Cloud（谷歌云）文本生成语言等功能，能够为视频添加图片与字幕，并基于 YouTube（美国视频分享网站）上免版税的音乐打造音乐库。QuickVid 具有多方面的 AIGC 能力，使用门槛较低，用户只需要输入几个词汇就可以生成一段视频。

此外，AIGC 技术还能实现 AI 换脸。例如，Swapface（换脸）是一款能够实时换脸的 AI 工具。Swapface 有三个功能，分别是 Stream Faceswap（直播换脸）、Video Faceswap（视频换脸）、Image Faceswap（图像换脸）。

其中，Stream Faceswap 可以进行直播换脸，只需要设置摄像头视频导入和导出，并选择喜欢的人脸，便可以进行直播换脸；Video Faceswap 能够实现视频换脸，用户可以选择一个软件提供的视频，并上传自己的正面照片，便可以进行视频换脸；Image Faceswap 能够实现图像换脸，用户需要提供一张需要换脸的照片和一张正脸头像。换脸完成后，用户可下载图片查看换脸效果。

利用 AIGC 生成视频的优势明显，AIGC 生成视频在提高视频生产效率的同时，可以节约成本与时间。对于需要大批量产出内容的短视频从业者来说，AIGC 视频生成应用是其不二之选。

4.2.5　提升玩家体验的游戏生成

AIGC 能够赋能游戏生成。对于游戏开发商而言，AIGC 能够提高其工作效率；对于用户而言，AIGC 能够为其打造更加智能、生动的游戏世界，提高游戏体验。

AIGC 可以帮助游戏开发商进行游戏制作，包括文字冒险类游戏、角色扮演类游戏、推理类游戏等。AIGC 可以自动生成文本并与用户交互，通过用户的指令或者选择推动情节发展。根据用户的选择不同，AIGC 生成的游戏结局也不同，这增加了游戏的可玩性。AIGC 作为一种创新的游戏生成方式，可以为玩家带来更加新奇的体验。

当前，玩家已经可以通过 AIGC 应用生成文字版本的游戏。推特上一名宝可梦玩家利用 ChatGPT 生成了一款文字形式的《宝可梦·绿宝石》游戏，ChatGPT 还原了游戏中的许多细节，如让玩家选择相关的道具、进行对抗战斗、进行策略选择等。

经过调试，ChatGPT 能够理解游戏中的规则与机制，并进行还原。例如，ChatGPT 可以模拟不同属性的宝可梦之间的克制关系，显示正确的攻击伤害。再如，刚加入游戏时，一些地图没有解锁，玩家需要解锁相关道具后才可以进入探索，ChatGPT 模拟了游戏的这一规则，拒绝玩家不合理的进入请求。

这一尝试展示了 AIGC 在游戏创作方面的潜力。未来，随着 AIGC 的发展，利用 AIGC 帮助游戏开发者设计全新的游戏将成为现实。

AIGC 还可以应用在游戏场景打造方面，例如，腾讯 AI Lab（人工智能实验室）在 3D 游戏场景生成方面持续探索，并提供了解决方案，他们的方案能够辅助游戏开发者在短时间内打造虚拟城市场景，提高游戏开发效率。

AI 虚拟城市场景的建造重点在于三个方面，分别是城市结构、建筑外表和室内映射生成。为了使城市结构更加逼真，腾讯 AI Lab 让 AI 学习了卫星图、航拍图等，使 AI 了解现实中城市的道路布局，从而生成更加逼真的画面。

AI 能够实现道路布局的智能化生成。开发者只需要描绘出城市的主干道，AI 便会根据开发者的图片进行自动填充，形成完整的道路结构。此外，开发者还可以对参数进行调整，以获得理想中的虚拟城市。

在建筑外表生成方面，过去设计师以照片作为参考，手工制作建筑，这种方式耗时耗力，往往一个游戏内只有少量特色建筑。腾讯 AI Lab 研发出将 2D 照片转化为 3D（3-Dimension）模型的技术，提高了制作建筑的速度，使游戏中能够拥有多样化的建筑。腾讯强大的游戏场景生成能力提高了游戏场景的丰富度。

在游戏剧情方面，游戏剧情是游戏的核心，也是吸引用户的关键。游戏剧情要让用户获得沉浸感，需要策划者付出大量的精力。AIGC 能够实现文案生成，帮助策划者分担工作，使策划者将精力放在剧情设计上，提高游戏质量。例如，知名游戏公司育碧推出了文案生成工具 Ghostwriter（代笔者）。策划者创造一些角色，并在 Ghostwriter 中输入角色的性格、经历的事件、输出与输入方式后，Ghostwriter 便会为其生成人物对白。策划者可以对生成的对白进行优化，提高剧情创作效率。

AIGC 在游戏领域具有巨大的应用潜力，它能够在降低游戏开发成本的同时，提高用户的游戏沉浸感。随着 AIGC 技术不断发展，其在游戏领域将会获得更加广泛的应用。

4.2.6 高效便捷的 3D 模型生成

3D 建模具有门槛高、要求高、效率低等特点，而 AIGC 技术可以实现降本增效，提高建模效率。

例如，某公司推出了一款名为 Magic3D（三维魔法）、能够根据文本描述生成 3D 模型的应用。在使用 Magic3D 时，创作者只需要输入自己想要创建的 3D 模型特征，如一只伏在树上的绿色毒蜥蜴，Magic3D 便能够生成符合提示语特征的 3D 网格模型，并为模型填充纹理特征。

相较于通过文本生成 2D 模型的 DreamFusion（梦境融合），Magic3D 同样是将低分辨率的简约模型转化为高分辨率的精细化模型，但其能够以更快的速度和更高的质量生成 3D 模型。在使用 Magic3D 的过程中，创作者输入的文本形式往往是由 "粗糙" 到 "细致" 的，基于此，Magic3D 才能生成高分辨率的三维模型。

Magic3D 可以使用着色器创建逼真的图形。着色器能够对多个图形元素进行重复计算，并结合不同的图形对图像快速渲染，优化图像的着色像素。Magic3D 的图像生成包含两个阶段。在第一个阶段，Magic3D

使用 eDiff-I（基于 ensemble diffusion 的图像生成技术）作为模型进行文本—图像扩散先验，并通过对 Instant NGP（instant neural graphics Primitives，即时神经图形基元）的优化生成初始的 3D 模型，然后计算 Score Distillation Sampling（分馏取样）的损失，从 Instant NGP 中提取粗略模型；而后，Magic3D 使用稀疏加速结构和散列网络加速结构生成图像，并根据图像渲染的损耗从低分辨率图像中建模。

在第二个阶段，Magic3D 使用高分辨率潜在扩散模型（latent diffusion model，LDM），不断抽样和渲染第一阶段的粗略模型，并利用交互渲染器对图像进行优化，以生成高分辨率的渲染图像。Magic3D 还可以基于创作者输入的提示语对 3D 网格进行实时编辑。如果创作者想要更改生成的模型，只需要更改文字提示即可。此外，Magic3D 可以保持图像生成的主题，并将 2D 图像的风格与 3D 模型融合。这样一来，创作者不仅可以获得高分辨率的 3D 模型，还降低了模型的运算强度。

Magic3D 模型的运算时间与 LDM 编码器的梯度和高分辨率的渲染图像有着紧密的关系，这增强了模型运算强度的可控性。Magic3D 模型的渲染框架主要基于可微分插值的 DIB-R（基于可微分插值计算的渲染器）或渲染器构建，可以应用于 3D 图像设计和机器人设计等领域，它在几秒钟内就可以完成 3D 模型的渲染。其中，DIB-R 可以通过二维图像来预测三维图像的纹理、光照、形状和颜色，而后创建一个多边形球体，最终生成符合二维图像特征的 3D 模型。

Magic3D 使用 Instant NGP 的哈希特征编码，节约了高分辨率图像特征的计算成本，其生成的每个 3D 模型都有无纹理渲染。Magic3D 在图形生成的过程中往往能够自动删除图像的背景，以更好地专注于实际的 3D 形状。因此，Magic3D 生成的 3D 模型往往都具备清晰的纹理。

Magic3D 能够推动 3D 合成技术大众化，能够在 3D 内容创作中展示更加丰富的创造力。而在未来，随着 AIGC 应用的拓展，其在 3D 模型生成方面的应用将更加深入，将会产生新的、更加智能的应用软件。

4.2.7　更加智能的数字人生成

AIGC 不断发展为数字人生成带来了新的发展空间，数字人与生成式 AI 相结合，能够变得更加智能化、人性化，可以为用户带来更加优质的体验。

例如，百度作为国内人工智能领域的领先企业，进行了具有前瞻性的谋篇布局，很早就在 AIGC 领域发力，持续打造 AI 数字人。

在 AI 数字人方面，百度智能云曦灵智能数字人平台能够打造面向各种行业的 AI 数字人。截至 2023 年 2 月，百度已经打造了几十位 AI 数字人，其中，一些 AI 数字人已经应用于金融、传媒、影视等行业。

在金融行业，百度智能云曦灵为浦发银行打造了数字员工"小浦"。小浦是一名"理财专员"，每个月为超过 46 万名用户提供服务，降低了浦发银行的人工成本，提高了用户服务效率。

在传媒行业，百度智能云曦灵为央视新闻打造了 AI 手语主播，为超过 2 000 万的听障人士提供服务。百度还与中国日报联手打造了数字员工"元曦"，使之为传播传统文化作出贡献。

在文博行业，百度智能云曦灵与中国文物交流中心联合推出文博虚拟宣推官"文夭夭"（图 4-1），与国家大剧院联手打造了虚拟员工"Art鹅"，这些 AI 数字人为用户提供文化讲解、线路导航等服务，不仅传播了传统文化，还提升了文博单位的运营效率。

在影视行业，百度智能云曦灵为综艺节目《元音大冒险》提供全套数字人技术支持，节目运用虚实结合、实时驱动等技术吸引观众的目光，增强了节目看点，提升了节目制作效率，降低了内容生产成本，开辟了 AI 数字人在影视行业的发展空间。

图 4-1　文博虚拟宣推官"文夭夭"

　　未来，百度将持续深耕 AI 行业，充分发挥其在科技创新中的领头作用，促进 AI 数字人的广泛落地，为 AIGC 乃至 AI 行业的发展作出贡献。

第 5 章

技术图谱：AIGC 背后支撑
技术详解

　　AIGC 背后有哪些技术支撑呢？AIGC 的技术图谱是怎样的？实际上，AIGC 是由多种技术共同支撑的，主要包括自然语言处理技术、预训练大模型技术、多模态交互技术等，这些技术使 AIGC 的功能更加强大，应用生态更加丰富。

5.1 自然语言处理技术

自然语言处理技术是支撑 AIGC 基础功能的关键技术。自然语言处理主要包括四个核心层面，分别是神经机器翻译、人机交互、阅读理解、机器创作，四个核心层面共同支持自然语言处理技术的稳定应用。

5.1.1 神经机器翻译：实现自然的翻译效果

神经机器翻译是自然语言处理的核心层面之一。神经机器翻译主要受到人类大脑翻译思路的启发，其在翻译时通过理解上下文，识别和处理各类信息，从而达到更加准确、自然的翻译效果。神经机器翻译模型不断优化，为自然语言处理技术和人工智能技术的应用奠定了基础。

神经机器翻译主要经历两个过程，分别是编码和解码。编码指的是使用编码器将源语言文本映射成一个连续、稠密的向量，并进行语义分析；解码指的是机器根据语义分析的结果逐词生成目标语言。

近几年，神经机器翻译获得了迅猛发展，并逐渐取代传统的统计机器翻译，成为机器翻译领域的主流技术。神经机器翻译不仅可以解决许多统计机器翻译难以解决的问题，而且给出的答案与标准答案十分相近，性能远超统计机器翻译。神经机器翻译具有许多优点，例如，可以在训练期间对参数进行修复；对汉语、日语等语法复杂的语言也能够进行高效翻译；能够在翻译时考虑整个句子的意思等。

神经机器翻译为各个领域带来了许多便利。在电子商务方面，神经机器翻译可以用于快速响应全球客户的需求；在旅游行业，神经机器翻译可以辅助服务提供商为客户提供服务；对于一些语言学习者，神经机器翻译可以帮助他们优化学习计划，提高对话效率。

为了使神经机器翻译能够进一步为用户提供服务，许多研究者对神经机器翻译进行了深入研究，以提升它的编码与解码能力。未来，神经机器翻译将会为用户带来更多惊喜。

5.1.2　人机交互：人机互动更自然

人机交互是自然语言处理技术的核心层面之一，实现人机自然交流是人机交互的一大难点。近年来，随着自然语言处理、语音识别等技术的快速发展，能够实现人机自然交流的人机交互技术逐渐成熟，为人们的生活带来便利、智能化的体验。在不久的未来，智能设备和人类将在更多场景中进行自然交流，人机互动将更自然。

微软曾提出"对话即平台"的概念，该概念被提出主要有两个方面的原因：一是用户已经养成了在社交平台进行对话的习惯。用户在社交平台进行交流的过程会呈现在人机互动中，而语音交流的背后即是与平台对话。二是智能设备逐步走向便携、小巧，不方便人们进行文字交互，而语音交互则更加自然和直观。基于以上两个原因，人机交互逐渐朝着对话式的自然语言交流发展。

许多企业研发了人机交互系统，例如，微软推出 AI 助理"小娜"。用户可以通过接入手机等智能设备，与电脑交流。用户可以对小娜发出指令，小娜将会对其指令进行理解并执行。小娜不仅可以与用户进行机械性的问答互动，还可以根据用户的性格特点、使用习惯等为用户提供智能化、个性化的服务。此外，微软还推出了聊天机器人"小冰"，主要负责与用户聊天。

以小娜、小冰为代表的 AI 机器人背后的处理引擎主要包括三个层面的技术。第一个层面是通用聊天。AI 机器人存储了通用聊天数据和主题聊天数据，掌握了沟通技巧，拥有全面的用户画像，能够满足不同群体的需求。第二个层面是信息服务与问答。AI 机器人需要具备搜索数据、进行对话的能力，能够对常见问题进行收集、整理，并从数据中找出相应的信息进行回答。第三个层面是面向特定任务的对话能力。例如，用户询问日期、希望 AI 帮忙买咖啡等任务都是固定的，因此可以借助设定的规则逐步实现，这一层面需要领域知识、对话图谱技术的支持。

人机交互能够实现用户与 AI 机器人的自然交流，使 AI 机器人更好地理解用户的意图，为用户带来更好的体验。

5.1.3 阅读理解：精准理解语义

阅读理解已经成为自然语言处理领域的研究热点。在自然语言处理技术的实际应用中，阅读理解能力对于文本自动分析、问答系统等方面的应用具有重要的作用。

阅读理解技术一经推出便引起了许多研究者的关注，许多研究者开始对阅读理解技术进行研究。AI 从一开始与人的阅读理解水平相差甚远，到 2018 年微软、阿里巴巴等企业的系统超越了人工标注的水平，这显示了国内外研究者在自然语言处理领域的不懈探索。

AI 进行阅读理解的流程是借助循环神经网络理解各个词语的意义，再理解各个句子的意义，然后借助特定的路径锁定潜在答案，最后在潜在答案中筛选出最佳答案。AI 进行阅读理解时可以引入外部知识，大幅提高阅读理解能力。

5.1.4 机器创作：输出创新性内容

自然语言处理技术被广泛应用于文字生成和机器创作领域。基于人机交互、深度学习等技术，自然语言处理技术可以通过机器创作帮助创作者自动生成具有创意、具有吸引力和创新性的文字内容，从而让创作工作更高效，促进创意产业的发展。

2023 年 4 月，阿里巴巴在阿里云峰会上正式推出了类 ChatGPT 产品——"通义千问"。通义千问的本质是一个 AI 驱动的大语言模型，具备智能对话、文案创作、多模态理解、多语言支持等功能。基于多模态的知识理解，其可以续写小说、编写邮件等。

目前，阿里巴巴已经尝试在其旗下部分产品中接入通义千问，以使产品变得更加智能。例如，测试版通义千问首先接入了钉钉，为钉钉新增了许多功能：一是自动生成群聊摘要，当用户进入新群聊时，钉钉会根据之前的聊天记录对内容进行总结，并生成摘要，便于用户了解；二是钉钉可以根据用户的需求进行内容创作，生成文案与图片；三是钉钉视频会议可以实时生成字幕，帮助用户清楚地了解发言人所说内容；四是用户只需要上传一张功能草图，便可以在不写代码的情况下生成应用。

除了为自己旗下的淘宝、闲鱼等应用接入大模型之外，阿里巴巴还将为各行业的企业提供更加实用的大模型，帮助企业获得发展。通义千问将会结合行业特点、应用场景等为各行各业训练专属大模型，使所有企业都可以拥有自己的智能助手，实现高效的内容生产。

5.2　预训练大模型技术

随着人工智能的快速发展，预训练大模型技术已经成为 AI 行业的热门话题之一。借助预训练大模型，AI 系统能够拥有更强大的理解推

理能力以及自然语言处理和图像识别能力，这一技术的创新将会打破
AI 的发展边界，为 AI 的未来发展创造更为广阔的空间。

5.2.1　超大规模预训练模型爆发

在 AIGC 领域，超大规模预训练模型备受关注。超大规模预训练模型克服了 AI 发展过程中的许多阻碍，展示了巨大的应用价值。超大规模预训练模型的突破性发展，将为 AI 领域带来深刻的变革。多家企业相继推出自主研发的大模型，表现出其在 AI 领域的努力与创新能力，例如，华为、商汤科技等都发布了自己的 AI 大模型。

1. 华为发布"盘古"大模型

2023 年 4 月 8 日，华为在"AI 大模型技术高峰论坛"上介绍了盘古大模型的研发情况。盘古大模型是 AI 领域首个具有 2 000 亿个参数的中文预训练模型，其学习的中文文本数据高达 40 TB，十分接近人类的中文理解能力。盘古大模型在语言理解和生成方面遥遥领先，在权威的中文语言理解评测中，获得了三项第一且刷新了世界纪录。

盘古大模型的应用场景广泛，可以扮演不同的角色，既可以担任智能客服解答问题，又能够作为写作工具进行智能写作。盘古大模型可以根据用户的问题以及上下文，生成准确的回答；还可以根据用户的搜索偏好，为他们提供个性化、多样化的搜索结果。

2. 商汤科技发布商汤大模型

商汤科技在 AI 大模型方面已经进行了前瞻性布局。2018 年，商汤科技开始研发 AI 大模型，一年后具备千卡并行的能力；2019 年，商汤科技自主研发了一个参数为 10 亿个的 CV（computer vision，计算

机视觉）大模型，具有强大的算法。经过 5 年探索，商汤科技的 AI 大装置处于业内领先水平，2023 年 4 月，商汤科技公布了"商汤日日新 SenseNova"大模型体系，展现了其在大模型领域的最新成果。

在科技企业的努力探索下，超大规模预训练模型爆发，为 AIGC 的发展与应用作出了巨大贡献。未来，AI 大模型将在多个领域发挥作用，助力各领域变革。

5.2.2　核心作用：促进 AI 应用普及

预训练大模型基于大规模语料库进行无监督学习，使得模型具备丰富的语言知识，能够帮助企业快速、高效地进行文本分类、情感分析。预训练大模型的出现，降低了人工智能的应用门槛，为企业研发 AIGC 应用提供了技术支持。

预训练大模型是多种技术的结合，既需要深度学习算法的支撑，也需要大量数据、超高算力与自监督学习能力，还需要在多种任务、多种场景中进行迁移学习，确保模型能够应用于多个场景，赋能各行各业。

预训练大模型是深度学习的一种模型，能够为深度学习提供支持，提高深度学习的训练效率。深度学习弥补了传统机器学习的不足，传统机器学习是从原始数据中学习抽象和复杂的特征表示，而预训练大模型则是借助大量模型训练数据。深度学习的优势是可以对各种类型的数据，如图片、文本等很难通过机器处理的数据进行处理。而预训练大模型的优势不仅体现在处理数据的类型更加广泛，还体现在处理数据的级别更高。

此外，深度学习不需要借助大量的数据模型来挖掘数据特征之间的关联，但是预训练大模型需要，这表明其需要更强的算力。预训练大模型在训练过程中会运用大量数据，深度学习过程中也需要大量数据，预训练大模型能够为深度学习赋能，推动 AI 不断发展。预训练大模型主要具备两个优势，如图 5-1 所示。

图 5-1　预训练大模型的优势

1. 预训练大模型能够推进 AI 产业化发展，实现 AI 转型

虽然 AI 发展得如火如荼，但其仍处在商业落地的初级阶段，仍面临一系列问题，例如，碎片化的场景需求、人力成本过高、缺乏场景数据等。而预训练大模型能够有效解决模型通用性、研发成本等方面的问题，加快 AI 落地。

AI 模型仅对特定的应用场景进行训练，采取传统定制化的开发方式。然而传统 AI 模型的研发流程较长，涵盖了从研发到应用的整条路径。完成这一整套流程对研发人员的要求很高，研发人员不仅要有扎实的专业知识，还需要齐心协力、通力合作，这样才能完成琐碎、复杂的工作。

预训练大模型的训练原理是借助庞大、多样的场景数据，训练出适合不同场景、不同业务的通用能力，使得大模型能够适配全新业务场景。预训练大模型的通用能力满足了多样化的 AI 应用需求，降低了 AI 应用落地的门槛。

2. 预训练大模型能够借助自监督学习功能降低 AI 开发成本

传统模型训练过程需要研发人员参与调参调优工作，模型训练还需要大规模标注数据，对数据要求很高，但是，许多行业面临原始数据收集困难、收集数据成本高的问题。例如，在医疗行业，为了保护用户的隐私，医院很难大规模获取用户数据进行 AI 模型训练。

预训练大模型的自监督学习功能能够解决传统模型训练面临的问题。自监督学习功能无须或很少依靠人工标注数据，能够自动区分原始数据，并构建学习任务，解决了人工标注成本高的问题。与传统 AI 模型相比，预训练大模型更具通用性，能够实现多个场景的广泛应用。自监督学习功能有效降低了研发成本，为 AI 产业化提供助力。

预训练大模型向着规模大、训练方法多样化、模态多样化的方向演进。未来，将会有更多类型的大模型出现，实现 AI 通用化，降低 AI 应用门槛。

5.3 多模态交互技术

多模态指的是通过多种模态的感知提高人机交互的灵活性和智能性。如今，多模态交互技术能够应用于多个领域，为用户的生活与工作带来便利。在多模态交互技术的推动下，人机交互新方式将会诞生，用户与机器之间的交互将会变得更加自然、高效、智能。

5.3.1 多模态交互实现多维感官交互

AI 的发展促进了多模态交互技术的发展，人机交互逐渐从单模态走向多模态。多模态交互技术实现了文字、语音、视觉、动作四个维度的感官交互，能够提高人机交互体验。

在我们的日常生活中，最常见的两种模态是视觉与文字。视觉模型可以为 AI 提供强大的环境感知能力，文字模型使得 AI 具有认知能力。如果 AIGC 仅能生成单模态内容，会对 AIGC 应用场景的拓展、内容生产方式的革新造成阻碍。由此，多模态大模型应运而生。多模态大模型能够处理多种数据，为人机交互提供动力。

多模态大模型拥有两种能力：一种是寻找不同模态数据之间的内在关系，例如，将一段文字与图片联系起来；另一种是实现数据在不同模态之间的相互转换，例如，根据文字生成对应的图片。多模态大模型的工作原理是将不同模态的数据汇集到相似或相同的语义空间中，通过不同模态之间的理解寻找不同模态数据的对应关系。例如，在网页中搜索图片需要输入与之相关的文字。

多模态交互在人机交互中实现了广泛应用。人工智能的发展使得服务机器人逐步走近用户，在商场、餐厅、酒店等一些场景中，有服务机器人忙碌的身影，但是，大多数服务机器人不够智能，仅能在用户发出需求后响应，无法主动为用户提供服务。

为了推动服务机器人智能化、人性化，百度率先对小度机器人进行了技术革新。百度借助多模态交互技术，使得小度机器人能够快速理解当前场景，理解用户的意图，主动和用户互动。虽然让机器人拥有主动互动能力并不是一项全新的技术创举，但相较于以往的互动模式，机器人的互动能力大幅提升。百度自主研发了人机主动交互系统，设计了上千个模态动作，并对小度机器人进行升级。在观察服务场景后，小度机器人能够提供主动迎宾、引领讲解、问答咨询、互动娱乐等服务，服务更具主动性和智能化，这推动了机器人行业和 AI 行业的发展。

多模态大模型能够帮助 AI 进行多种交互，是 AI 迈向通用人工智能的重要步骤。未来，AI 借助多模态大模型，将能够拥有更多认知，帮助用户解决更多难题。

5.3.2 赋能数字人交互，提升交互体验

在数字时代，数字人有着广阔的应用前景。随着技术的发展和完善，数字人交互不再显得生硬，而是更加自然、鲜活。近年来，人工智能技术和人机交互技术的发展，给数字人交互提供了更多的可能性。

虚拟数字人的火爆并不是偶然，而是用户对人机交互的深层次需求的体现。用户不再满足于单模态的单向输出，而渴望多模态的听觉、视觉、动作和语言的融合，而多模态人机交互技术能满足用户的需求，使虚拟数字人更加鲜活。

例如，百度推出了可交互数字人度晓晓。度晓晓拥有丰富多彩的聊天功能：基于"人设"与用户互动，充分展现自己的个性；支持表情包、语音、视频等多种聊天形式；拥有讲故事、唱歌等多种玩法。

度晓晓如同活在电子世界的真人，为用户带来真实的交互体验，而这一切都离不开百度的技术支持。度晓晓运用了多模态交互技术，能够在学习大量数据后，理解语言、图片和视频，其不仅能够与用户交流，还能够在与用户的互动中不断成长。

目前，多模态交互技术已经在多个领域落地。未来，这一技术会进入更多应用场景，赋能各行各业，催生更加鲜活的虚拟数字人。

5.3.3 多模态交互的多元应用

多模态交互的应用形式多样，包括文生图、音生图、图文生成视频等。多模态交互技术能够持续为 AIGC 赋能，助力 AIGC 实现多元化创作。

在文生图方面，百度推出了多模态生成大模型 ERNIE-ViLG 2.0。

ERNIE-ViLG 2.0 能够根据用户的描述生成各种风格的画面，包括水彩画、油画等。ERNIE-ViLG 2.0 的应用领域广泛，包括工业设计、动漫设计等，能够辅助用户创作，提升内容生产效率。

在音生图方面，多模态预训练模型"悟道·文澜 BriVL"作出了尝试。"悟道·文澜 BriVL"提出了一种音频表示学习方法 WavBriVL，能够根据音频生成图像，但这只是初步探索。未来，研发团队将会对持续利用跨模态生成功能的可解释机器学习方法进行探索，并考虑将微软的文本语音融合模型 SpeechLM 和 Diffusion 模型融合，推出升级版本的大模型。

在图文生成视频方面，百度研发了图文转视频技术——VidPress（智能视频合成平台）。VidPress 是一项全自动视频生产技术，能够根据算法与 AI 模型填充主线，减少用户搜集、整理素材的时间，实现新闻视频内容自动生成，该技术可以帮助新手用户快速上手，全面为内容生产助力，以 AI 为核心为内容创作者提供创作工具，提升内容生产效率。

VidPress 技术已经在"人民日报创作大脑"产品中实现了应用，该产品为媒体行业从业者提供了 18 个智能生产工具，包括新闻转视频、直播剪辑、智能写作等。

VidPress 具有突出的优势，能够快速生成短视频。在服务方面，VidPress 能够为用户提供制作视频的完整流程，可以自动完成素材、解说词等生成。在素材方面，VidPress 允许用户导入多种类型的媒体素材，帮助用户建立属于自己的素材库。

目前，VidPress 应用范围广泛，已经生成了几十万条视频。下一步，VidPress 技术将会在视频生成算法方面获得发展，探索面向体育、知识等多个方面的短视频生产服务。未来，多模态技术将持续发展，推动更多行业发生变革。

第 6 章

产业链：AIGC 产业生态渐趋丰满

ChatGPT 的爆火为 AIGC 行业的发展创造了机会，在资本与技术的助力下，AIGC 应用于多个领域，产业链逐渐完善，产业生态渐趋丰满。

6.1　资本与技术投入，AIGC 产业日益繁荣

AIGC 行业具有巨大的发展潜力，为了抓住红利期，各个企业以资金或技术入股 AIGC 行业。在大量资金与技术的支持下，AIGC 产业日益繁荣。

6.1.1　AIGC 板块活跃，引发资本关注

ChatGPT 火爆出圈后，其所展现的能力刷新了人们对 AI 的认知，许多人开始对其背后的 AIGC 技术产生兴趣。同时，资本也看到了 AIGC 行业的发展潜力，纷纷在 AIGC 行业布局，AIGC 板块异常活跃。

例如，2023 年 2 月 2 日，AI 板块异常活跃，同花顺 App 上的数据显示，AIGC 概念指数收涨 0.58%，AI 概念指数收涨 0.49%。值得注意的是，截至 2023 年 2 月 2 日，AI 与 AIGC 相关概念股已经连涨超过半个月，同为股份、视觉中国等多个与 AI 相关的概念股连日飞涨，显示出巨大的潜力。

AIGC 的巨大发展空间，引得许多企业纷纷加码 AIGC 相关业务：昆仑万维在 StarX MusicX Lab（人工智能音乐与抽象艺术）音乐实验室上线 AI 创作的歌曲；中文在线研究 AIGC 应用，推出 AI 主播、AI 绘画和 AI 辅助创作等功能；微软宣布与 OpenAI 深入合作，并追加超过 10 亿美元的投资，为 AI 领域的发展贡献力量，实现 OpenAI 工具商业化；谷歌围绕 AI 进行全面布局；百度计划推出类似 ChatGPT 的 AI 工具。

除了很多企业深耕 AIGC 领域外，资本市场对 AIGC 也持乐观态

度。例如，东吴证券认为，在市场空间方面，AIGC 的渗透率将逐步提升，其应用规模也会相应增加，AIGC 市场规模将在 2030 年超过万亿元；赛迪顾问认为，到 2030 年，NLP（natural language processing，自然语言处理）的市场规模将超过 2 000 亿元；太平洋证券认为，AIGC 将会在各行各业落地，作为数字内容发展的新引擎，为数字经济发展注入新动能。

浙商证券表示，头部企业积极加入 AIGC 领域，有利于推动所处行业与 AIGC 的融合进度；开源证券表示，头部企业的加入、现有技术的发展，有利于拓展 AI 的应用场景，加速 AI 商业化落地；方正证券表示，AI 技术的发展使 AI 技术提供商受益。

目前，AIGC 已经在传媒、电商等数字化程度高的领域率先发展。未来，AIGC 将会实现全面开花，塑造数字内容生产与交互的新模式，为互联网内容生产建设底层基础设施。

6.1.2　多家科技巨头技术布局，抢占赛道先机

著名风投机构红杉资本曾经发文表示：生成式 AI 能够在未来产生数万亿美元的经济价值。面对充满潜力的 AIGC 市场，多家科技巨头以技术布局 AIGC 行业，尽力抢占赛道先机。在国内，阿里巴巴、百度从大模型入手，推动 AIGC 在多个领域的应用。

2023 年初，由阿里巴巴达摩院研发的还在内测中的类 ChatGPT 产品——"通义千问"被提前曝光，该产品不仅可以完成纯文本任务，还具有多模态任务能力，可以实现智能问答、文案生成、代码生成、AI 绘画等，功能十分强大。"通义千问"能取得这样的效果，离不开阿里巴巴通义大模型的支持。

通义大模型是阿里巴巴达摩院发布的 AI 大模型，具备完成多种任

务的"大一统"能力。"大一统"能力主要表现在三个方面，如图 6-1 所示。

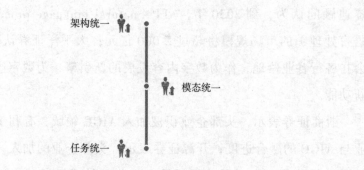

图 6-1　通义大模型"大一统"能力

（1）架构统一：使用 Transformer 架构，统一进行预训练，可以应对多种任务，不需要增加特定的模型层。

（2）模态统一：不论是自然语言处理、计算机视觉等单模态任务，还是图文等多模态任务，都采用同样的架构和训练思路。

（3）任务统一：将全部单模态、多模态任务统一通过序列到序列生成的方式表达，实现任务输入的统一。

目前，通义大模型已经在 AI 辅助设计、医疗文本理解、人机对话等 200 多个场景中实现应用，大幅提高了任务完成效率。

阿里巴巴在 AIGC 应用方面进行了诸多探索，以阿里巴巴旗下大数据营销平台阿里妈妈为例，其在智能营销方案的设计中早已融入了 AIGC 技术。

商家在电商平台投放广告，商品的创意图是商品触达消费者的重要媒介，优质的创意图可以更加简洁、精准地展示商品。但是对于商家来说，制作创意图并不是一件轻松的事情，每一款商品的创意图，商家都需要耗费时间和精力进行设计、创作，同时还要考虑创意图的尺寸、根据活动进行更新等，这给商家带来了很大的压力。

为了帮助商家解决这一问题，阿里妈妈推出了可以智能生成创意图的图文创意制作系统。阿里妈妈将创意图拆解成底图、创意布局、文案渲染属性等诸多元素，通过 AI 模型实现这些元素的自动生成。同时，系统可以根据底图的特点，生成不同的布局、文案样式等，生成结果更加多样化。在具体操作方面，商家只需要导入商品素材，系统便能够自动生成美观、多样化的创意图。

此外，阿里妈妈还推出了 ACE（alimama content express，直播间智能技术套装）智能剪辑系统，赋能淘宝直播。基于先进的 AI 技术，该系统具备超强的行业剧本个性化智能剪辑能力，可以为商家提供具有行业针对性的高质量直播剧本。

首先，该系统可以通过对直播数据的分析，梳理不同行业对成交有利的内容标签，并据此对直播剧本进行智能剪辑和优化，形成具有行业特色的个性化剧本，以提升直播转化的效果。其次，该系统能够根据视频内容提炼出吸引消费者的标签，并将标签展示在直播界面中，便于消费者自由观看直播片段，进行高效决策。最后，该系统还会根据行业投放数据、标签内容等对直播剧本的效果进行分析，并智能优化剧本，直到实现稳定的直播投放效果。

在这一系统的助力下，不少商家，如珀莱雅、森马等，都实现了直播效果的提升，商品转化率大幅提高。未来，在阿里巴巴达摩院、阿里妈妈等平台的持续探索下，阿里巴巴在 AIGC 领域将实现稳定发展，赋能更多企业。

百度作为一家在 AI 领域深耕的头部企业，其在 AIGC 行业持续发力，具有规划性地推出了文心大模型，并相继推出多款 AIGC 产品，以抢占更多市场份额。

百度于 2019 年 3 月推出预训练模型——"文心"大模型，并在通用大模型的基础上不断深入发展，搭建行业 AI 基础设施。当前，文心大模型已经在 10 余个行业落地，助推多个领域的数字化进程，成为推动行业智能化的主要动力。基于文心大模型，百度推出了多款 AIGC 产品，"文心一言"和"文心一格"都是其中的典型代表。

1. 文心一言

2023 年 3 月 16 日，百度正式推出大语言模型——文心一言，并在发布会上展示了其在文学创作、商业文案创作、数理推算、中文理解、多模态生成等方面的应用能力。文心一言具备一定的思维能力，能够完成数学推演、逻辑推理等工作。对于一些逻辑问题，文心一言能够理解题意，通过正确的解题思路一步步地算出答案。

在发布会上，百度讲解了文心一言的邀请测试方法。文心一言上线后，首批用户可以通过邀请码在官网测试体验产品，后续将向更多用户开放。

2. 文心一格

文心一格是百度基于文心大模型在文本生成图像领域推出的 AI 艺术和创意辅助平台，具备领先的 AI 绘画能力。在文心一格的官网中，创作者只需要输入自己想要创作的画作主题和风格，便能够得到一幅 AI 生成的画作。文心一格支持油画、水彩、动漫、写实、国风等风格的高清画作的在线生成，还支持定制多种画面尺寸。

文心一格的用户群体十分广泛，它既能够为设计师、艺术家和插画师等专业的视觉内容创作者提供创意和灵感，辅助他们进行产品设计和艺术创作，也能够帮助自媒体、记者等内容创作者生成高质量的文本配图。文心一格为非专业的创作者提供了零门槛的 AI 绘画平台，使他们能够享受艺术创作的乐趣，展现个性化的创作格调。

文心一格上线了二次元、中国风等艺术风格，丰富了 AI 绘画风格的多样性。文心一格还更新了图生图、图片二次编辑等功能，进一步升级了 AI 绘画的细节刻画。此外，文心一格还上线了全新的创作平台，并增添了智能推荐功能，创作者只需要在平台上输入简短的画作描述，即可得到一幅精美、优质的画作，该平台极大地提升了文心一格的便捷性和实用性，能够帮助创作者轻松完成艺术创作。

2023 年 3 月，文心一格全新改版的新官网正式发布。在新官网的设计上，文心一格采用模块化设计风格，在个人中心、主页视觉、批量操作、资讯轮播等方面作了多项显著的提升，以全面优化 AIGC 内容创作体验。

未来，随着文心大模型的不断迭代和发展，文心一言和文心一格等产品将快速迭代，平台功能将不断拓展，在更多应用场景落地。文心大模型是推动 AIGC 发展的强大引擎，助力内容生成领域不断创新发展。

6.2　AIGC 产业链生态拆解

AIGC 产业链生态逐步完善，分为上、中、下三层架构。产业链上游有丰富的数据，能够提供多种数据服务。产业链中游聚集着企业、平台等诸多参与者，进行算法模型研发。而在产业链下游，越来越多的 AIGC 应用落地。

6.2.1　产业链上游：提供多种数据服务

当前，AIGC 产业链上游聚集着众多数据服务商，为 AIGC 模型训练提供数据处理、数据标注、数据治理等服务。

1. 数据处理

一般而言，数据库有两类：一类数据库汇集各类数据但不进行区分；另一类数据库会分门别类地存储数据。随着技术的发展，供应商往往会将两种数据库结合，以打造完善的数据库，使数据库同时具有易用性和规范性，为用户提供多元化的服务。从数据处理时效性的角度来看，提供数据处理服务的供应商包括异步处理型企业和实时处理型企业两类。数据处理包括数据提取、数据加载、数据转换、数据集成等。根据处理方式的不同，提供数据处理服务的供应商又分为本地部署型企业和云原生型企业两种。

2. 数据标注

无论哪种机器学习模型，都需要对数据进行标注、管理、训练，从而形成算法模型。当前市场上，Google 推出 AI 系统 LaMDA（language model for dialogue applications，对话应用语言模型），与一家美国数据标注服务商合作；Meta 推出对话机器人 BlenderBot（基于知识的对话机器人）3，与数据标注平台亚马逊 MTurk（Amazon Mechanical Turk，亚马逊土耳其机器人）合作。不难看出，很多大模型的背后都有数据标注平台的支撑。在技术、需求的驱动下，数据标注公司借助 AI 辅助标注、模拟仿真等技术不断提高数据标注的质量和效率，为用户提供更优质的服务。

3. 数据治理

在 AIGC 蓬勃发展的数字经济时代，数据是重要的生产资料，因此，数据资产管理需要有明确的规范，数据访问、数据调取要合规。数据合规服务供应商可以为企业提供多样化的数据治理工具和定制化的数据治理方案，为企业的 AIGC 探索提供数据支撑。

6.2.2　产业链中游：聚焦算法模型研发

在 AIGC 产业链中游，聚集着众多在技术、资金等方面具有优势的企业，这些企业积极研发算法模型，在 AIGC 领域积极部署，以降低 AIGC 应用开发成本。整体来看，AIGC 产业链中游的生态见表 6-1。

表 6-1　AIGC 产业链中游生态

层　　级	主要参与者	主要代表
中间层	AI 实验室	DeepMind、OpenAI 等
	企业研究院	阿里巴巴达摩院、微软亚洲研究院等
	开源社区	GitHub、Hugging Face（抱抱脸）等

AIGC 产业链中游主要包括以下三类参与者：

1.AI 实验室

算法模型是 AI 系统实现智能决策的关键，也是 AI 系统完成任务的基础。为了更好地研究算法模型，推动 AIGC 商业化落地，很多企业都打造了专业的 AI 实验室。例如，Google 收购了 AI 实验室 DeepMind（深脑），将机器学习、系统神经科学等先进技术结合起来，构建强大的算法模型。

除了附属于企业的 AI 实验室外，还有独立的 AI 实验室。当下获得诸多关注的 OpenAI 就是一个独立的 AI 实验室，致力于 AI 技术的开发，其推出的大型语言模型经过了海量数据训练，可以准确地生成文本，完成各种任务。

2. 企业研究院

一些实力强劲的大型企业往往会设立专注于前沿科技研发的研究院，以加强顶层设计，构建企业创新的主体，推动企业进行新一轮变革。

例如，阿里巴巴达摩院就是一家典型的企业研究院，旗下的 M6 团队专注于认知智能方向的研究，发布了大规模图神经网络平台 AliGraph（阿里图）、AI 预训练模型 M6 等，其中，AI 预训练模型 M6 功能强大，可以完成设计、对答、写作等任务，在电商、工业制造、艺术创作等领域都有所应用。

3. 开源社区

开源社区对 AIGC 的发展十分重要，它提供了一个代码共创的平台，支持多人协作，可以推动 AIGC 技术的进步。例如，GitHub 就是一个知名的开源社区，它可以通过不同编程语言托管用户的源代码项目，其主要有以下几个功能：

（1）实现代码项目的社区审核。当用户在 GitHub 中发布代码项目时，社区的其他用户可以下载和评估该项目，指出其中存在的问题。

（2）实现代码项目的存储和曝光。GitHub 是一个具有存储功能的数据库。作为一个体量庞大的编码社区，GitHub 能够实现代码项目的广泛曝光，吸引更多人关注和使用。

（3）追踪代码的更改。当用户在社区中编辑代码时，GitHub 可以保存代码的历史版本，便于用户查看。

（4）支持多人协作。用户可以在 GitHub 中寻找拥有不同技能、经验的程序员，并与之协作共创，推动项目发展。

总之，AIGC 产业链中游产出各种算法模型，提供开源共创平台，为 AIGC 相关应用的研发赋能。

6.2.3　产业链下游：推进 AIGC 应用落地

有了产业链上游和中游企业的助力，产业链下游的企业能够面向用户，为他们提供可落地的 AIGC 应用。有了产业链上游、中游提供的模型与工具，产业链下游的企业往往将重心放在如何满足用户的消费需求上，致力于为用户提供文本、图片、音频、视频等生成服务。AIGC 产业链下游生态见表 6-2。

表 6-2　AIGC 产业链下游生态

层　　级	应用场景	代表企业
应用层	文本生成	OpenAI、百度、阿里巴巴、科大讯飞、腾讯等
	图片生成	阿里巴巴、快手、字节跳动等
	音频生成	OpenAI、Mobvoi（出门问问）、科大讯飞、网易、标贝科技等
	视频生成	Meta、谷歌、百度、商汤科技等
	其他	网易、腾讯等

AIGC 产业链下游涉及的应用场景主要有以下几个：

1. 文本生成

文本生成是 AIGC 应用较为普遍的一个场景，很多企业都会从多个角度出发，通过 AIGC 文字生成技术提供营销文案创作、智能问答、新闻稿智能生成等服务，赋能其他企业的业务拓展。

长期致力于 AI 领域产品研发的科大讯飞推出了一款智能语音转文字产品——"讯飞听见 M1S"，其可以满足高质量录音需求，并通过智能转写功能将音频文件转成文本，满足会议、采访、培训等多个场景的要求。

在 AI 艺术创作方面，科大讯飞推出了一款 AI 书法机器人，该机器人的外形像一个机械手臂，可以握住毛笔，在用户选择好想要它书写的内容后，该机器人就会自动完成蘸墨、书写等动作。基于 AI 创作的智能性，该机器人不仅可以完成多种内容的书法创作，而且下笔遒劲有力，笔画规范，字间距十分标准。

2. 图片生成

相较于文字生成，图片生成的门槛更高，传递的信息更加直观，商业化的潜力更大。AIGC 图片生成应用可以完成图片生成、图片设计、图片编辑等诸多任务，在广告设计、创意营销等方面有巨大的应用价值。

当前，市场中已经出现了多种类型的 AI 绘画工具，借助这些工具，用户的各种想象可以以图画的形式呈现出来。以 AI 绘画软件"梦幻 AI 画家"为例，用户可以进行画面描述、选择绘画风格、设置绘画尺寸，然后生成个性化的绘画作品。

3. 音频生成

音频生成指的是借助 AIGC 语音合成技术生成相关应用，这类应用可以分为 3 种：音乐创作类、语言创作类、音频定制类。许多公司都在音频生成方面深入探索，推出各种智能语音生成应用。

标贝科技在智能语音生成方面深耕多年，推出了音频生成应用。2022 年，标贝科技更新了方言 TTS（text to speech，语音合成）定制方案，上线了东北话新音色，其通过大量的东北话语料不断对语言模型进行优化、训练，实现了高质量的语音合成。在应用场景方面，标贝科技推出的智能语音服务可以应用于智能客服、语音播报等诸多场景，为用户带来优质体验。

4. 视频生成

视频生成也是 AIGC 的重要应用场景，细分应用场景包括视频编辑、视频二次创作、虚拟数字人视频生成等，这个领域同样聚集着不少科技企业。

例如，商汤科技推出了一款智能视频生成产品，该产品基于深度学习算法，可以对视频进行声音、视觉等多方面的理解，智能生成视频；同时其也可以对视频进行二次创作，输出高质量、风格鲜明的视频。

除了以上四个方面外，AIGC 在游戏、代码、3D 生成等方面也有广阔的应用前景。在游戏方面，AIGC 可以助力游戏策略生成、NPC（non-player character，非玩家角色）互动内容生成、游戏资产生成等；在代码方面，AIGC 生成代码能够代替人工的很多重复性劳动；在 3D 生成方面，一些互联网巨头已布局，谷歌推出了 DreamFusion。

未来，随着 AIGC 相关技术的发展和众多企业的持续探索，AIGC 应用将更加多样化，将在传媒、电商、金融等诸多领域落地。

6.3　价值倍增，赋能多行业发展

AIGC 技术优势众多，能够赋能多个行业发展。对于企业来说，AIGC 能够丰富内容供给，实现降本增效；对于用户来说，AIGC 能够变革内容交互形式，提升交互体验。

6.3.1　丰富内容供给，降本增效

AIGC 的发展使得 AI 技术与各行各业深入融合，能够让各个行业在丰富内容供给的同时，实现降本增效。AIGC 具有强大的内容生成能力，能够高效、高质量地创造出海量内容。以绘画为例，画家需要花费数天才能完成的画作，AI 绘画在几分钟内就能智能生成，这能够解放人力，让人们将时间用于更具创造性的工作。

当前，AIGC 可以智能创造内容，如智能作画、智能生成视频，但其并不具有创造力，只是基于深度学习进行模仿式创新。AIGC 背后的创作者是用户，但 AIGC 依旧是有意义的，它能够作为辅助手段，提升用户的创造力。AIGC 的价值就是完成基础性创造工作，解放人力。

AIGC 为人们提供了新的创作工具，变革了内容创作模式。画家在绘画时，可以先将关键词输入 AI 绘画程序，得到绘画方案后再进行创作；作家在写作时，可以基于 AI 生成内容框架，再进一步优化内容。这体现了 AIGC 给内容生产方式带来的变革。

例如，基于 AIGC 技术，文物修复方式发生变革，可以实现文物在数字世界的重塑和再造。腾讯借助 360° 沉浸式展示技术、AI 技术等，可以实现文物的数字化诊疗。

在敦煌壁画修复方面，由于壁画种类多、损坏原因多样，因此难以制定统一的壁画修复方案，并且人工修复的成本很高，而 AIGC 为壁画修复提供了新方案。腾讯通过深度学习壁画损坏数据，打造了一种先进的 AI 壁画病害识别工具，并在此基础上提供系统的解决方案。在修复环节，腾讯还推出了沉浸式远程会诊系统，系统能够全方位展示文物的细节，让身处异地的专家可以清楚地查看文物情况，实现远程文物会诊。

未来，随着 AIGC 应用场景的拓展，其将推动更多行业的生产方式

发生变革，为用户的生活带来便利，加速社会发展。

6.3.2　变革数字内容生产方式，提升交互体验

AIGC 引领数字内容生产方式的变革，提高了内容生产效率。AIGC 给数字内容生产方式带来的变革主要表现在以下四个方面：

1.AIGC 成为新型的数字内容生产基础设施，能够构建数字内容生产与交互的新范式

当前，AI 在内容生产领域逐渐渗透，不仅在文字生成、图片生成等领域有"类人"的表现，还基于大模型训练展示出强大的创作潜能。基于 AIGC 的赋能，创作者可以摆脱技法的限制，轻松展示创意。

AIGC 满足了消费者对多元化数字内容的强需求。随着数字内容消费结构升级，视频类数字内容的市场规模持续增加，短视频和直播流行，这使得深受用户欢迎的视频内容变成一种源源不断产出的"快消品"。视频内容创作需要更加智能、高效的方式，AIGC 将成为未来数字内容生产的基础设施。

2.AIGC 在内容生成方面具有巨大优势，能够促进内容消费市场使之更加繁荣

一方面，AIGC 可以智能生成海量高质量内容。AI 模型可以基于海量数据的训练，学习多样的内容创作模式，产出丰富的高质量内容；另一方面，AIGC 将丰富数字内容的多样性。AI 模型不仅可以生成文字、图片、视频等多种内容，还可以衍生出不同的内容创作风格，例如，AI 模型可以创作写实风格、抽象风格的画作，创作现实风格或超现实风格的视频等。

3.AIGC 将成为 3D 互联网建设的重要工具

随着技术的升级，互联网将从平面走向立体，而 AIGC 将加速 3D 互联网的实现。AIGC 将为 3D 创作赋能，提升 3D 虚拟场景搭建、3D 形象创作的效能。当前，已经有企业在 AIGC 生成 3D 内容方面进行了探索。例如，谷歌在 2022 年发布了一款文字转 3D 内容的 AI 模型，但从效果来看，还有很大的进步空间。

4. 智能聊天机器人和虚拟数字人打造了新的用户交互形式，给用户带来了全新的交互体验

自从聊天机器人产品 ChatGPT 火爆网络，不少企业都尝试借助 OpenAI 的语言模型推出自己的聊天机器人产品。例如，社交媒体 Snapchat（色拉布）基于 OpenAI 的语言模型，在 2023 年 2 月上线了聊天机器人"My AI（我的人工智能）"，向用户提供智能对话服务。

AIGC 降低了虚拟数字人的制作门槛，用户可以借助 AIGC 智能生成超写实的虚拟数字人。AIGC 可以提高虚拟数字人的识别感知、分析决策等能力，使其神情、动作更似真人。

总之，AIGC 技术支持下的数字内容交互，为用户打开了一扇通往新世界的大门。AIGC 数字化应用场景广泛，可以为用户提供更加智能、灵活、高效的创作方式，为用户的内容创作打开更加广阔的想象空间。相信在不久的将来，用户能够在更多垂类化、个性化的场景中使用 AIGC 应用。

6.3.3　深氧科技：AIGC 引擎赋能内容创作

在凭借 AIGC 技术推出新应用、赋能其他企业内容产出方面，不少

科技企业都作出了尝试，深氧科技是其中的典型代表。

深氧科技是一家 3D 视频内容 AIGC 引擎服务商，致力于通过移动终端、网页端，让零基础的用户能够使用 AI 驱动的新一代云原生 3D 内容创作工具轻松地进行内容创作，并且支持用户导出视频并发布到主流平台，十分便捷。

2023 年 2 月，深氧科技发布了 1.0 版本的 O3.xyz 引擎，并确定了产品的最终形态。使用 O3.xyz 引擎的用户只需要输入文字，便可以获取自己想要的视频内容，该引擎搭载了 Director（主任、董事）GPT 模型，用户可以实现对 3D 资产的调用、编辑，从而获取 3D 视频。

深氧科技认为，在 3D 视频创作领域引入 AI 技术，可以有效降低 3D 工具的使用门槛，为用户带来便利，使每个用户都可以自由、轻松地创作 3D 内容。行业现有的生成工具只能生成 3D 模型，而 O3.xyz 引擎能够直达产品的最终形态，生成 3D 原生视频文件。

深氧科技创始团队的成员均来自知名高校或知名公司，具有专业技术、行业相关经验和敏锐的市场洞察力。团队核心成员曾参与多款产品开发与头部 IP 创作，能够将前沿技术与商业化设计巧妙结合。

在技术路线选择方面，深氧科技偏向于与其技术路线相匹配的轻量化场景。为了帮助更多的用户，降低用户的使用门槛，深氧科技为 O3.xyz 引擎设计了 3 个后端训练模型，并舍弃了复杂的编辑与定制。同时，深氧科技还引入了自动建模与自动交互的算法，简化了视频制作流程。

深氧科技表示，他们之所以选择在短视频领域深耕，是因为这个领域具有成熟的盈利模式。O3.xyz 引擎可以简化用户的创作流程，为用户的视频创作提供便利，使他们能够开辟一个具有增长潜力的创作空间，在多个平台实现快速收益。

深氧科技研发的 O3.xyz 引擎能够解决算力资源合理分配的问题，

为 AI 生成 3D 视频的大规模商业化提供助力。深氧科技认为，大量算法与数据能够提高 AIGC 能力，因为大量数据能够提高算法的精准度，精准的算法能够吸引更多的用户，更多的用户能够产生更多的数据，形成正向循环。

O3.xyz 引擎自投入使用以来，获得了许多用户的关注。一位抖音短视频用户表示，使用 O3.xyz 引擎后，制作效率得到了提高。相较于以前一周输出一条视频，现在能够一分钟输出一条样片，一周可以产生几十条样片，样片数量增多可以扩大用户的选择空间，使他们输出更多的优质内容。O3.xyz 引擎节省了场景布局的时间，使用户有充足的时间输出创意。

生成式 AI 在全球范围内掀起热潮，AI 生成图片、视频等应用丰富了 AI 的使用场景。AIGC 为 AI 应用大规模落地提供了可能性，降低了用户的创作门槛，使用户能够输出更丰富、优质的内容。

第 7 章

发展趋势：商业化前景广阔

AI 技术不断深化、B 端（business，面向企业）与 C 端（consumer，面向用户）的商业模式不断成熟等因素为 AIGC 的商业化落地提供了可能性。AIGC 技术的商业化前景广阔，将会赋能各行各业。

7.1 技术深化，为 AIGC 奠基

各种相关技术不断深化，为 AIGC 行业的发展奠基，具体表现为：深度学习技术不断进化，提升 AIGC 的智能性；模型即服务推动 AIGC 应用场景不断拓展；开源策略实现 AIGC 应用普及。未来，在技术的支持下，AIGC 将会深入发展，驱动各行各业进步。

7.1.1 深度学习进化，提升 AIGC 智能性

深度学习是机器学习算法的一种，能够模拟人脑的神经网络。人脑的神经网络往往有许多层神经元，每层神经元都是接收上一层神经元的信号，处理后再输出到下一层神经元。深度学习的工作原理是借助多层神经网络进行学习，提高深度学习网络的表达能力和泛化能力。深度学习是开发 AIGC 应用的重要技术之一，能够提升 AIGC 内容产出的智能性。在内容生产领域，AIGC 技术的发展可以划分为基于规则或模板的前深度学习阶段、基于深度神经网络的深度学习阶段、基于大模型和多模态的超级深度学习阶段。

1. 前深度学习阶段

早期的 AIGC 主要依托 AI 事先制定的规则或模板生产和输出简单的内容，在这种模式下，生成的内容缺乏客观性和创造性，同时也缺乏对文字或语言的准确认知，因此，在前深度学习阶段，AIGC 生成的内

容往往存在刻板、空洞、文本混乱等问题。

2. 深度学习阶段

深度学习网络在网络结构和学习范式上的不断迭代极大地提升了 AI 算法的学习能力。例如，AlexNet（卷积神经网络）强大的学习能力，曾在 ImageNet（计算机视觉系统识别项目）的视觉识别挑战赛中获得最佳成绩，拉开了深度学习时代的帷幕。博弈学习范式的提出也是深度学习发展的象征，博弈学习范式从内容识别的准确性出发，使 AIGC 生成内容的准确性和真实性都有了极大的提升。此外，强化学习、扩散模型、流模型等学习范式的出现推动深度学习进一步发展。

3. 超级深度学习阶段

超级深度学习是 AI 技术在大模型和多模态上的突破，它将为内容生产提供更坚固的支撑和更多的可能性。在超级深度学习阶段，AIGC 的发展主要依赖两种大模型，分别是视觉大模型和语言大模型。

（1）视觉大模型提高 AIGC 的内容感知力。以视频、图像为代表的视觉数据是数字信息的重要载体，而感知、理解海量数据信息的能力是 AI 生成数字内容、实现数字孪生的基础，也是 AIGC 迭代发展的必备能力。以视觉 Transformer 为代表的新型神经网络模型因具有易拓展性、计算的高并行性和优异的性能成为视觉内容生成领域的基础网络框架。同时，基于视觉 Transformer 完成多种任务感知的联合学习将成为 AIGC 领域的研究热点。

（2）语言大模型提升 AIGC 认知能力。文字和语言是科学技术、知识文化、社会历史变迁的重要记录载体，利用 AI 技术对海量文本和语言数据进行内容理解和信息挖掘是 AIGC 技术的关键环节。然而，在信息丰富且复杂的时代背景下，数据种类繁多、数据质量参差不齐，使自然语言处理技术出现数据难以复用、模型设计部署困难的弊端。而基于语言的大模型技术能够充分利用无标注文本进行预训练，以赋予文本大模型在零散数据集、小数据集场景下更加稳定的内容理解和生成能力。

智能语音技术研发企业科大讯飞积极研发语言大模型。在智慧教育领域，科大讯飞实现了因材施教和智能批改等教育技术突破。科大讯飞能够对雅思英语作文和高考语文作文给出精准的评分，并生成科学的薄弱点分析和指导建议，实现了教育多场景的智能化内容生成和解析。在智能医疗领域，科大讯飞研发的智医助理系统已通过执业医师资格考试，能够作为医生助手诊断上千种疾病，并生成科学的辅诊建议。

在人机交互领域，科大讯飞智能语音开放平台 AI 服务每天的调用次数超过 50 亿次，其在机器翻译、语音识别、图文识别、语音合成等领域开发了 60 多个语种，有力地支撑了进出口业务的交流需要，其中，机器翻译技术获得国际机器翻译挑战赛的冠军。

AI 在大模型和多模态方面的发展将给 AIGC 的融合性创新带来更多可能性，为 AIGC 拓展更广泛的应用范围。基于大模型和多模态的 AIGC 是 AI 算法实现通用的关键动力。

7.1.2　模型即服务，AIGC 应用场景拓展

MaaS（model as a service，模型即服务）指的是企业可以将大模型作为一项服务提供给各行各业。大模型是 MaaS 的主要基座，发挥着重要的作用。以魔搭社区为例，魔搭社区是一个专注于打造开源模型即服务应用的科技平台，其践行模型即服务的新理念，开发了众多实用的预训练基础模型。

魔搭社区的合作机构包括深势科技、澜舟科技、中国科学技术大学、哈工大讯飞联合实验室、智谱 AI 等，首批开源模型以多模态、语音、视觉、自然语言处理等为主要开发方向，包括数十个大模型和上百个业界领先模型。魔搭社区的模型均经过严格筛选和验证，向外界全面开放。

魔搭社区鼓励中文 AI 模型的开发和使用，希望实现中文 AI 模型的充足供应，更好满足本土需求。魔搭社区已经上架了超过 100 个中文模型，在模型总数中占比超过 1/3，其中包括一批探索人工智能前沿的中文大模型，如阿里巴巴的通义大模型系列、澜舟科技的孟子系列模型、智谱 AI 的中英双语千亿大模型等。

魔搭社区搭建了简单、易用的模型使用平台，让 AI 模型能够流畅运行。传统的模型运用从代码下载到效果验证往往需要几天的时间，而魔搭社区只需要几个小时或者几分钟的时间便可生成一个完整的模型。魔搭社区通过统一的配置文件和全新开发的调用接口，为平台提供环境安装、模型探索、训练调优、推理验证等一站式服务，使用户在线零代码就能够轻松体验模型效果。

同时，魔搭社区能够通过 1 行代码完成模型推理，通过 10 行代码完成模型定制和调优。魔搭社区还具有在线开发功能，为用户提供算力支持，使用户在不进行任何部署的情况下，打开网页就能够直接开发 AI 模型。

魔搭社区开发的模型兼容主流 AI 框架，能够支持多种服务部署与模型训练，供用户自主选择。魔搭社区面向所有模型开发者开放，不以盈利为主要目标，旨在推动 AI 大规模应用。

开源模型是推动 AI 技术发展的强大动力，魔搭社区作为新一代的 AI 开源模型社区，将推动 AI 模型的落地应用，并助力我国成为开源模型的引领者。随着预训练模型的兴起，以魔搭社区为代表的模型社区将成为 AIGC 时代重要的基础设施。

7.1.3 开源策略，实现 AIGC 应用普及

开源策略能够有效促进 AIGC 行业的发展，使更多的企业、开发者可以免费进行应用开发，推动 AIGC 应用普及。为了惠及更多用户，一些开发者创建了开源社区。目前，比较知名的开源技术社区主要有两个，如图 7-1 所示。

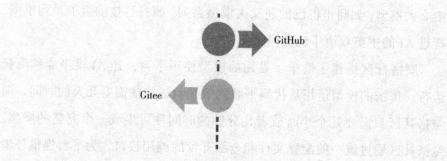

图 7-1　知名的开源技术社区

1.GitHub

GitHub 是一个创立于 2008 年的代码托管平台和开发者交流平台，由于其将 Git 作为唯一的版本库格式，因此名为 GitHub。

GitHub 拥有基本的 Web 管理界面和 Git 代码仓库托管服务，除此之外，还具有讨论组、在线文件编辑器等功能。GitHub 的结构比传统网络结构更加庞大，涉及用户、项目等多方实体，这些实体之间的关系相对复杂。

2.Gitee（码云）

Gitee 是 OSCHINA（开源中国）于 2013 年推出的代码托管平台，能够为开发者提供高质量的稳定托管服务。Gitee 可以为用户提供 Git

代码托管、代码查看、历史版本代码查看等服务，帮助开发者进行管理、开发、协作等活动。

目前，Gitee 已经聚集了百万名开发者，成为开发领域领先的 SaaS（software as a service，软件即服务）服务提供商。

7.2　商业模式：To B+To C

AIGC 作为一项新技术，亟待探索出属于自身的商业模式。目前，AIGC 拥有两个商业模式，分别是 To B（to business，面向企业）和 To C（to consumer，面向消费者）。To B 端的用户需求较为稳定，付费意愿较高；To C 端则将 SaaS 订阅作为主要业务，不断扩大市场。目前，两种模式都处在发展阶段，将会迸发出更多活力。

7.2.1　To B：B 端用户需求稳定，付费意愿较强

目前，AIGC 主要的服务对象是 B 端用户。由于 AIGC 能够实现降本增效，提升内容生产的效率，满足多种需求，因此 B 端的用户需求稳定，付费意愿较强。

例如，在 OpenAI 宣布开放 ChatGPT API（application programming interface，应用程序编程接口）后，许多企业表示将与其合作。2023年 3 月 1 日，OpenAI 宣布了一项重大消息：开放 ChatGPT API。企业可以将 ChatGPT 与自己的软件、服务融合，这于企业的发展十分有利，企业可以在 ChatGPT 的基础上开发 AIGC 应用。ChatGPT API 的价格

低于其他语言模型，吸引了许多企业与其合作，开辟了 ChatGPT 的 To B（to business，面向企业）商业模式。

API 能够作为"中介"实现不同应用之间的交流通信。用户在日常生活中接触最多的是硬件接口，往往接入某个接口就能实现某些功能。应用接口也是如此，能够将应用的某个功能如同盒子一般封装起来，只留一个接口，用户接入这个接口便可以使用应用的所有功能。在使用应用接口时，用户无须知道这些功能如何实现，仅需按照开发者设定的流程进行调试即可。

ChatGPT API 由一个名为 GPT-3.5-turbo（增压涡轮）的模型提供支持。OpenAI 官方称，在处理数据方面，这个模型比 ChatGPT 模型更加迅速、准确。OpenAI 对 ChatGPT API 进行了系统范围内的优化，其定价十分低廉，1 000 个 Token（代币）仅需 0.002 美元。

ChatGPT API 开放后，已经有一些企业与其合作，利用它创建聊天界面。例如，Snapchat 基于 ChatGPT API 推出了聊天机器人"My AI"，这项功能仅限"Snapchat+"订阅用户使用，可以为用户提供建议，辅助用户进行内容创作。

电商服务平台 Shopify（加拿大电商服务平台）借助 ChatGPT API 为其应用程序 Shop（购物）创建了一个智能导购。用户使用 Shop 搜索产品时，智能导购会基于其需求进行个性化推荐。智能导购每天会对百万种产品进行扫描，帮助用户快速找到他们需要的产品，简化购物流程。

Quizlet（小测试）是一个全球性的学习平台，与 OpenAI 保持着多年的合作关系，其在词汇学习、实践测试等方面都运用了 GPT-3 模型。在 ChatGPT API 开放后，Quizlet 推出了 AI 教师——Q-Chat（聊天）。Q-Chat 可以帮助学生依据学习资料提出自适应问题，能够与学生进行有趣的聊天互动，引起学生的学习兴趣。

ChatGPT API 为广大开发者打开了新世界的大门，未来，OpenAI 将会不断改进其 ChatGPT 模型，为开发者提供更多可以选择的模型。

7.2.2　To C：SaaS 订阅为主要业务

随着 AI 与各行各业的结合，AIGC 在 C 端得到深入发展，具体表现有两个：AIGC 能够作为效率工具，提升用户信息获取、格式整理的效率；AIGC 能够作为创作工具，降低内容创作门槛。AIGC 在 C 端有很大的发展潜力。当前，AIGC 在 C 端的商业模式主要为 SaaS 订阅。SaaS 订阅主要分为两种：一种是根据产出计费；另一种是软件订阅付费。

1. 根据产出计费

这种商业模式更适用于应用层，例如，按照图片数量、计算数量、模型训练次数收费，其运行的关键在于，如何实现用户复购。根据产出计费会受到许多属性的影响，例如，是否有版权授权、版权授权的合作方式是什么、是否支持商用等，这些不稳定的数据非常影响根据产出计费的商业模式的发展。

2. 订阅费用

AI 写作软件 Jasper 就是这种商业模式，它设定了初级、高级和定制 3 种收费模式，用户可以根据自己的需求选择，该模式使其成立当年便获得 4 500 万美元收入与 7 万多名用户。

总之，C 端消费者市场是 AIGC 发展的重要方向。随着 AI 技术日趋成熟，C 端的 AIGC 产业链不断完善，AIGC 的商业模式将朝着更加多元化的方向发展。

7.3 商业展望：多角度入局助推产业发展

AIGC 的商业化之路处于探索阶段，很多企业尝试从多个角度入局，包括技术入局、产品入局、项目入局等，推动产业发展。企业要积极发挥自身的优势，共同推动 AIGC 商业化。

7.3.1 技术入局：AI 芯片 + 预训练模型供应商

技术是 AIGC 发展的原动力。AIGC 的火热，使得 AI 芯片、预训练模型获得了良好的发展契机。许多企业以技术入局，提供 AI 芯片与预训练模型。

随着 AIGC 的发展，AI 芯片、AI 大模型也迎来了发展契机，这为企业进入 AIGC 赛道指明了方向。除了一些科技巨头在这些领域加大研发投入外，一些以提供 AI 芯片和 AI 大模型为主要业务的创业公司悄然崛起。

在 AI 芯片方面，随着需求端的爆发，供应端的 AI 芯片供应商迎来了发展的新机遇，国内外芯片巨头纷纷加大研发力度。谷歌、英特尔、AMD、高通等都是其中的重要玩家。

以谷歌为例，2023 年 4 月，谷歌公开了 AI 芯片 TPU（tensor processing unit，张量处理器）V4。TPU 是谷歌为机器学习专门定制的芯片，其使用低精度计算，能够在不影响深度学习处理效果的前提下降低功耗，提高运算速度。TPU V4 是 TPU 系列芯片的第四代产品，整体性能比上一代高出 2 倍多，具有强大的能力。

再如，英特尔于 2022 年 5 月发布了一款 AI 芯片 Gaudi2（高蒂），这是英特尔旗下 Habana Labs（哈伯纳公司）推出的第二代 AI 芯片，其运算速度是前一代芯片的 2 倍。同时，英特尔还推出了一款名为 Greco（格雷克）的芯片，其可以根据 AI 算法预测、识别目标对象。基于这两款芯片的应用，其处理器的性能更强。英特尔数据中心和 AI 部门主管表示，AI 芯片市场将在未来持续增长，而英特尔将通过投资和创新，引领这一市场。

除了国外 AI 芯片巨头积极布局外，国内的 AI 芯片供应商，如百度、海思半导体、地平线、寒武纪等也在借 ChatGPT 带来的机遇实现进一步发展。百度于 2022 年 11 月推出了自主研发的芯片——昆仑芯二代 AI 芯片。

百度采用 7 纳米工艺打造昆仑芯二代 AI 芯片，其算力强大，技术领先，能够应用于百度无人驾驶车辆 Robotaxi 的驾驶系统。高阶自动驾驶系统的计算系统十分复杂，往往需要用到感知模型、定位模型等，对算力的要求十分高。而昆仑芯二代 AI 芯片在性能方面的优势较为明显，其功耗与主流显卡相比降低一半，但性能与主流 AI 加速卡相比，提高两倍以上，实现了巨大突破。

以往，由于 AI 芯片行业竞争激烈、产品落地难等因素，AI 供应商的发展并不顺利。而 ChatGPT 的兴起为这些供应商提供了产品研发的新方向，不少 AI 供应商都将推出可应用于机器人的 AI 芯片作为重要的发展方向。

可以预见的是，随着 AIGC 相关应用不断迭代，AI 芯片的销售额也将实现持续突破，而参与其中的 AI 芯片供应商将有机会抓住 AIGC 的红利，实现更好的发展。

在 AI 模型方面，不少企业都以技术入局，通过研发 AI 大模型抢占先机。AI 大模型生态图谱见表 7-1。

表 7-1　AI 大模型生态图谱

层　面	应用场景	代表企业
行业应用赋能层	搜索	百度、美团等
	对话	微软、百度、阿里巴巴、北京智源 AI 研究院等
	推荐	快手、字节跳动、阿里巴巴、腾讯等
	医疗	北京智源 AI 研究院、腾讯、百度、华为等
	遥感	华为、阿里巴巴、商汤科技等
	智慧城市	华为、阿里巴巴等
基础算法平台层	计算机视觉	微软、OpenAI、华为、京东、字节跳动、商汤科技等
	自然语言处理	浪潮信息、阿里巴巴、华为、百度、腾讯、北京智源 AI 研究院等
	多模态	微软、谷歌、阿里巴巴、腾讯、百度、快手、北京智源 AI 研究院等
底层服务支撑层	芯片	英特尔、ARM（Advanced Risc Machins, 安谋国际科技股份有限公司）、百度、平头哥等
	数据服务	探码科技、百度、标贝科技等

在上表中，谷歌、微软、百度、阿里巴巴等科技巨头都从多方面布局 AI 大模型，着力将 AI 大模型应用于对话、推荐、医疗等多个场景中。除了以上巨头外，还有一些在云计算、大数据领域深耕多年的科技企业，也积极布局，抢占市场先机。

浪潮信息是我国一家知名的算力供应商。在市场趋势下，浪潮信息积极入局 AIGC 领域，研发超大规模参数 AI 大模型，目前已经取得一些成绩。浪潮信息与淮海智算中心共同开展的超大规模参数 AI 大模型训练性能测试已经有了初步的数据。

测试数据显示，这一 AI 大模型在淮海智算中心的训练算力效率达 53.5%，处于业内领先水平，这意味着，其可以为其他 AI 创新团队提供高性能的 AI 大模型训练算力服务。

生成式 AI 需要基于海量数据集，对超大规模 AI 大模型进行训练，这对 AI 算力提出了很高的要求，而浪潮信息可以为超大规模 AI 大模型的训练提供算力支持。同时，超大规模 AI 大模型的训练需要在拥有众多加速卡的 AI 服务器集群上进行，训练算力、效率直接影响模型训练时长、算力消耗成本等。

浪潮信息凭借旗下 AI 模型"源 1.0"的训练经验，优化了分布式训练策略，通过实现流水并行、数据并行、调整模型结构和训练参数等，最终将超大规模参数 AI 大模型的训练算力效率提高到 53.5%。公开资料显示，OpenAI 推出的 GPT-3 大模型的训练算力效率为 21.3%。两者对比，便凸显了浪潮信息的优势。

在 AI 大模型研发领域，除了这些已经发展多年的科技公司外，还聚集着一些创业公司，这些创业公司凭借自己的技术优势，积极开展 AI 大模型的研发。

例如，成立于 2021 年的 AI 创业公司 MiniMax（名之梦科技有限公司）将 AI 大模型作为自己的主要业务，积极研发多模态 AI 大模型。MiniMax 搭建了 3 个模态的 AI 大模型，即文本到文本、文本到视觉、文本到语音。

MiniMax 的商业模式包括 To C 与 To B 两种。在 To C 方面，其 AI 大模型驱动的产品已经在应用商店上线；在 To B 方面，MiniMax 计划在未来开放 API，让更多用户基于 AI 大模型创建自己的应用。

7.3.2 产品入局：自主研发 AIGC 产品

AIGC 拥有巨大的市场潜力，AIGC 产品的成长空间巨大。许多企业瞄准 AIGC 领域，以产品入局，打造自己的 AIGC 产品。

例如，腾讯推出了自动化新闻撰稿机器人 Dreamwriter（梦想作家），其能够借助 AI 算法自动生成新闻稿件，并对新闻资讯进行分析，将重要资讯实时传递给用户，保证新闻的时效性。

Dreamwriter 的写作流程大致包含五个环节，如图 7-2 所示。腾讯要先创建或购买数据库，然后让 Dreamwriter 对数据库内的数据进行分析，并学习新闻稿的写作手法。学习完之后，Dreamwriter 便可以从数据库中寻找与新闻资讯相关的信息进行写作，写作内容经过审核后，通过腾讯的内容发布平台传递给用户。

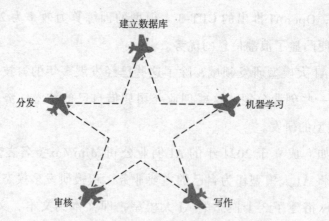

图 7-2 Dreamwriter 写作流程的五个环节

1. 建立数据库

Dreamwriter 写作的前提是购买或建立数据库，没有数据库，Dreamwriter 就没有量化的依据，无法生成生动的文章。腾讯购买了大量国内外数据库，例如，腾讯买断了 NBA 在中国市场 5 年的网络独播权，并购买了 NBA 全套数据。NBA（National Basketball Association，美国职业篮球联赛）能够实时传输球赛每一个阶段的数据，相较于其他数据，NBA 的数据更加翔实。数据越翔实，就越有助于 Dreamwriter 分析并生成文章。除了购买外来数据库外，腾讯自身也拥有丰富的数据资源，例如，腾讯的股市行情 App "自选股" 就是一个包含丰富股市信息的数据库。

2. 机器学习

机器学习是培养 Dreamwriter 写作能力的重要环节，在拥有可供提取数据的数据库之后，Dreamwriter 就进入机器学习阶段。机器学习即通过数据分析和算法设计让 Dreamwriter 主动理解数据。Dreamwriter 不仅要理解数据本身，还要理解数据对应的写作模板。因此，在进行机器学习的过程中，技术人员要不断丰富数据库中的写作模板。

例如，在生成体育赛事报道时，Dreamwriter 需要将赛事中的每一个精彩赛点重新组合。如果生成的是跳水比赛的报道，Dreamwriter 就需要具体分析和阐述走板、空中动作姿态和水花效果等，并在数据库中抓取相关联的数据，结合赛事规则，最终将这些拆解后的数据整合成一条完整的赛事报道。此外，Dreamwriter 拥有完整的连接词数据库，能够使生成的报道语言更加连贯、表述更加清晰，近似人工撰稿效果。

3. 写作

根据体育报道和财经报道的不同特征，腾讯给 Dreamwriter 开发了双写作系统。体育报道系统偏向于赛事报道和深度表达，而财经报道系统有独立的计算模型和表达方式。Dreamwriter 在生成清晰的新闻内容的同时，能够针对观众的不同兴趣点，生成研判版、民生版和精简版等不同版本的报道，更好地满足不同观众的需求。

4. 审核

内容生成之后，往往需要经过严格的审核，不同媒体具有不同的审核机制。Dreamwriter 不具备系统的审核机制，负责审核工作的是腾讯的风控团队，该团队主要负责把控腾讯信息平台上发布的内容的合规性。

5. 分发

现阶段，Dreamwriter 无法自行分发资讯，报道和资讯的分发主要依靠腾讯专门的分发团队完成。

随着 Dreamwriter 在新闻撰写领域不断发展，Dreamwriter 将不断迭代和升级，为内容生成创造更多可能性。以下是 Dreamwriter 未来可能拓展的其他应用模式和功能：

（1）提供基于互联网的 UGC 新闻信息服务。在此种模式下，写作机器人能够从微信、微博等 UGC 平台上搜集新闻素材，并自动组稿，帮助新闻编辑及时挖掘新闻热点。

（2）利用语音技术实现新闻信息播报。

（3）创新性写作。未来，新闻撰稿机器人或许能够将 AI 生成的新闻资讯与新闻编辑撰写的新闻资讯相融合，使读者很难分辨新闻内容是机器人撰写的，还是新闻编辑撰写的。

（4）读者细分管理。新闻撰稿机器人能够追踪并分析读者的点击率和阅读习惯，并对读者的爱好和需求进行精准分析，更好地为读者提供个性化的服务。新闻撰稿机器人还将不断完善新闻资讯平台的智能对话系统，以提升读者与平台交互的体验，进一步提升读者的满意度。

Dreamwriter 是机器写稿领域的重大突破，随着 AIGC 产品不断创新和升级，以 Dreamwriter 为代表的文字生成类机器人将不断涌现，拓展 AIGC 的应用范围。

7.3.3　可口可乐：广告接轨 AIGC，创新营销方式

2023 年 3 月，可口可乐发布了一个充满创意的营销广告，该营销广告以"Real Magic"（真正的魔法）为主题，利用 AI 技术将世界名画《呐喊》与可口可乐巧妙融合，如图 7-3 所示。可口可乐将其经典瓶子作为互动的重要元素，利用 AIGC 技术进行内容创作，为用户带来了一次创意体验，营销效果显著。

图 7-3　世界名画《呐喊》与可口可乐经典瓶子相结合

利用 AIGC 技术，企业可以不断拓展创意营销的边界。2023年 2 月，可口可乐和著名咨询公司贝恩公司正式签署协议，加入贝恩公司和 OpenAI 公司建立的联盟，借助 ChatGPT 进行创意营销。ChatGPT 强大的内容创作能力可以为可口可乐的营销部门赋能。例如，ChatGPT 可以为营销部门提供营销创意、营销素材，生成更具创造性的营销文案。

可口可乐与 ChatGPT 对双方的合作将如何展开并没有透露太多，但这无疑表明，ChatGPT 带来的创新机遇是值得各大企业把握的。人

与 AI 技术结合产生的作用，将远大于二者各自"单打独斗"。在产品更新换代迅速的市场中，可口可乐需要保持长久的竞争力。通过应用 ChatGPT，可口可乐可以捕捉到海量的信息，获得更多创意灵感和营销素材，生成多样的营销文案，以维持其营销效果。

下　篇

AIGC 未来应用前景

第 8 章

资讯行业：AIGC 提升信息
传递效率

在资讯行业，AIGC 能够提升信息传递效率。AIGC 为内容创作提供了强大的技术支持，以 AIGC 技术为核心的虚拟主播已经成为资讯行业的"新宠"。随着 AIGC 技术与资讯行业的深入融合，其在信息传递方面的优势更加突出，为资讯撰写、资讯传播等提供了更多便利。

8.1　AIGC 在资讯行业的多场景应用

现如今，AIGC 已经融入资讯行业的诸多场景。在内容采集方面，AIGC 主要应用于采访录音转文字和智能写稿；在内容制作方面，AIGC 主要应用于多种新闻内容智能生成；在内容传播方面，AIGC 主要应用于虚拟主播自动播报；在与用户互动方面，AIGC 能够提升用户的互动体验。

8.1.1　融入内容采集场景，减轻编辑工作量

AIGC 应用可以将采访录音转换为文字内容，大幅减少采编记者的工作量。AIGC 融入内容采集场景，能够自动搜集相关主题的优质资讯，从而更加精准地满足采编记者的写稿需求。

1. 采访录音转文字

对于采访中产生的大量语音或者视频素材，采编记者往往需要通过反复回看、核查信息，从众多素材中去粗取精，提炼新闻线索和文章创作灵感。为了提升素材筛选、文章创作的效率，采访录音转文字工具应运而生，这一工具的实时转写功能能够自动识别录音或者视频中的语音信息，将语音信息自动转换成文字。同时，采访录音转文字工具能够一键将转换出来的文字信息植入采编系统。

在采访的过程中，一部具有语音识别转文字功能的智能手机便可充当 AI 录音笔、AI 记事本等工具，帮助采编记者提升编稿效率。采访录

音转文字工具能够支持大型语音和视频文件在分秒内快速转写。采访录音转文字工具针对各种实际采编场景，推出口语表达智能过滤、视频唱词智能分离、SRT（subrip text，一种外挂字幕格式）字幕导出、采访角色智能分离等功能，大幅提升了采编素材收集和整理的效率。

2. 智能写稿

为了更快地将资讯传播出去，今日头条推出了一款能够自动生成新闻内容的软件，名为"今日头条自动生成原创软件"，该款软件能够根据用户实时输入的内容要点和关键字自动生成原创新闻内容，并具有语音识别、文章标题生成、文章内容生成、文章定位标签、关键字匹配、图片批量上传等功能。

同时，该款软件还具备强大的数据分析能力，能够根据用户所在地区、所在行业、浏览行为偏好和习惯等进行针对性的分析和预测。该款软件能够帮助新闻编辑快速、准确地采集、整理和分析信息，使他们编辑的内容更加精准、全面。

AIGC 应用能够在内容采集环节节省大量流程和时间，大幅提升新闻采编的效率和质量，推动内容采集环节智能化发展。

8.1.2 融入内容创作场景，助力内容高效生成

AIGC 在内容创作方面具有较高的应用价值，可以自动化、智能化生成多种新闻内容，能够为新闻从业者带来很多便利。

AIGC 应用可以精确检索、收集信息。目前，AIGC 撰稿工具能够实现对海量数据的迅速检索，并在短时间内生成新闻内容。对于股市、体育赛事等对实时性要求比较高的新闻，AIGC 应用能够做到及时生成新闻内容，仅需编辑审核就可以发稿，减少了编辑的任务量，提高了编辑的工作效率。

利用 AIGC 技术生成新闻稿在新闻机构中已经有所应用。国外的纽约时报、彭博社等早已将 AIGC 技术应用于新闻稿写作。国内的新闻机构也进行了相关探索，如新华社推出了写稿机器人"快笔小新"、阿里巴巴与第一财经联合推出了写稿机器人"DT 稿王"；南方都市报与北京大学团队合作推出了写稿机器人"小南"等。

市场中的写稿机器人不断涌现，它们的功能越来越强大。例如，写稿机器人小南在诞生时专注于民生报道，随着 AIGC 技术的发展、知识库数据的积累，其写作能力逐步提升，已经能够驾驭更多的文体，因此，小南所生成的内容逐步扩展到了天气、财经等领域。

机器人小南主要有两种写稿方式，分别是原创、二次创作。小南撰写原创稿件时，需要先获取、分类和标注数据，最后借助模板写作，小南撰写天气预报、路况播报、赛事资讯时都会使用这种写稿方式。二次创作指的是对已有的新闻进行重新加工，生成全新的稿件，如新闻摘要、赛事综述等。小南在撰写新闻摘要时会运用自动摘要技术，对文档进行自动分析，提炼其中的信息，输出一篇完整的摘要。

目前，AIGC 技术主要应用于撰写财经、体育类新闻，一些深度采访稿，仍需要编辑完成。

8.1.3 融入内容传播场景，以虚拟主播取代人工

AIGC 技术能够应用于内容传播场景，实现资讯的快速传播。技术的发展使得 AI 虚拟主播成为现实。在 AIGC 技术的支持下，AI 虚拟主播可以自动播报新闻，吸引更多用户，扩大内容传播范围，打造多样化的传播形式。

例如，新华社推出了虚拟主播"新小微"，其以虚拟数字人的形象在虚拟演播室中完成新闻播报工作。新小微外貌栩栩如生，能够灵活地

做出各种动作。作为 AI 驱动的虚拟主播，新小微的功能很强大。依据输入的文本内容，新小微可以自动播报新闻，并搭配自然的表情、动作等。

除了新华社外，中央广播电视总台、湖南广播电视台等很多传媒机构都推出了虚拟主播。为什么传媒机构如此看好虚拟主播？相较于真人主播，虚拟主播有两大特点：

一方面，虚拟主播可以进行全天候新闻播报。在现实中，真人主播长时间工作后会感到疲惫，有可能出现口误。而虚拟主播可以全天候待命，不会疲惫，不会口误，能够高质量地完成工作。

另一方面，虚拟主播可以完成多语种播音工作。在资讯行业中，可以进行多语种播报的主播属于稀缺人才，虚拟主播在 AI 技术的支持下，可以更轻松地进行多语种播报。科大讯飞曾推出一个能够进行中文、英语、日语、韩语等多语种播报的虚拟主播"小晴"，其能够单独完成多语种播报工作，这样的虚拟主播能够极大地节省新闻播报的人力和物力。

虚拟主播开创了新闻传播领域人物动画与实时语音合成的先河。新闻编辑只需要将要播报的文本内容输入计算机，计算机便能够自主生成对应的虚拟主播播报的视频，并确保虚拟主播的表情和嘴型与视频中的音频保持一致。虚拟主播与真实主播播报新闻有着相同的新闻传播效果。AI 虚拟主播在内容传播环节的应用趋势，如图 8-1 所示。

图 8-1　虚拟主播在新闻传播环节的主要应用趋势

1. 应用范围不断拓展

以新华社、东方卫视为代表的多家重量级媒体都开始探索虚拟主播在新闻传播环节的应用，并逐渐向天气预报、现场记者采访、晚会主持等领域不断拓展。

2. 应用场景不断升级

除了主持播报的常规形式，虚拟主播还支持多语种播报和手语播报。2022 年北京冬季奥运会期间，以腾讯、百度为代表的诸多大型企业陆续推出手语播报虚拟主播，为广大听障观众提供手语解说服务，给听障观众带来无障碍的体育赛事观看体验。

3. 应用形态日趋完善

如今，虚拟主播的形象逐渐从 2D 向 3D 转化，驱动范围从口型向表情、动作、背景内容等延伸，内容构建从支持 SaaS 化平台工具构建向智能化生产拓展。例如，腾讯打造的 3D 手语虚拟主播"聆语"能够为腾讯直播中的手语解说提供支持。聆语能够生成唇动、眨眼、微笑等细微内容，与其相配套的可视化动作编辑平台支持人工对聆语的手语动作进行微调，以使其手语动作更加规范，给观众呈现更好的解说效果。

虚拟主播在新闻播报领域的应用丰富了新闻播报的形式，能够打造更加生动、新颖的视觉观看体验，给观众带来前所未有的新闻观感。

8.1.4 融入互动环节，提升用户观看体验

视频是资讯传播的重要途径，在当下内容为王的时代，如何提升用户观看视频的体验，是很多视频网站都在探索的重点。用户不仅关注视频的趣味性、专业度，也希望获得更好的互动体验。AIGC 可以融入互

动环节，提升用户的观看体验。

爱奇艺基于"AI+视频"，推出了"奇观"AI 识别功能。"奇观"AI 识别是在用户需求的驱动下诞生的。爱奇艺通过分析用户的弹幕内容，发现很多用户会在弹幕上提出与视频内容相关的问题，如"这位男演员是谁""这个片段的 BGM（背景音乐）是什么"。

于是，爱奇艺推出了"奇观"AI 识别功能。相较于传统的弹幕互动模式，"奇观"AI 识别能够自主识别视频中包含的信息，主动为用户提供精准的回答，节省用户在眼花缭乱的互动弹幕中寻找答案的时间和精力。

"奇观"AI 识别从模型学习过程入手进行信息整合，然后由算法选择在具体应用场景中起决定性作用的模态，通过加强各标签之间的连接和多模态信息的融合，实现精准识别。从顶层设计的角度看，多模态技术能够应用于多个功能模块，例如，在人脸识别方面，多模态技术能够解析妆容的具体细节、检测服饰信息等。

"奇观"AI 识别利用无标签数据人脸识别的算法模型，使其积累的数据集分类更清晰，数据有效性更高，正是这些丰富且精准的数据支撑着"奇观"AI 识别平稳运行。"奇观"AI 识别的具体功能，如图 8-2 所示。

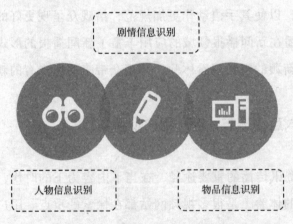

图 8-2 "奇观"AI 识别的具体功能

1. 人物信息识别

在人物信息识别的过程中，当"奇观"AI 识别能够充分捕捉到人脸信息时，其便能够对人脸直接检测和识别。当画面中没有充分的人脸信息时，"奇观"AI 识别能够通过对人物的外形特征，如服饰、发型、神情、姿态等进行检测和识别判别人物身份。当以上信息都难以获取时，"奇观"AI 识别能够根据人物的声音，对人物进行声纹识别。

在识别动画中的人物信息时，"奇观"AI 识别不仅需要进行大量的数据清洗和数据标注工作，还需要对数据训练模型进行优化，以解决数据类间、类内分布的问题，提高动画人物识别的准确性。

有了"奇观"AI 识别，用户在观看影视作品时，可以实时了解画面中演员的基本信息，包括个人简介、演艺经历、相关人物信息和相关作品等，如果用户在相关作品中找到自己感兴趣的作品，并且爱奇艺有该作品的片源，用户可以直接通过作品链接跳转到该片源。

用户在观看影视剧时还可以进入影视剧"泡泡圈"参与话题讨论，在话题讨论中寻找有趣的"灵魂"。同时，用户还能了解画面中人物的服饰、配饰等商品信息，甚至可以直接从视频画面跳转到商品购买链接。

2. 剧情信息识别

在观看影视剧时，用户能够通过"奇观"AI 识别获取角色之间的关系，快速了解影视剧中各个角色的关键信息和他们之间的关系脉络。在追剧时，用户能够实时了解台词中暗藏的玄机，获取台词中的关键信息。

同时，用户还可以了解视频中的配乐信息，包括歌曲的名称、演唱者、相关视频等。用户点击音乐链接，爱奇艺将自动跳转到酷狗、网易云等音乐播放软件。

3. 物品信息识别

当视频画面涉及用户可能感兴趣的服饰、配饰或者妆容等,"奇观"AI 识别会自动推出同款或者相似款商品的链接。在相似款商品推荐方面,"奇观"AI 识别能够为每个相似商品标注相似度。当用户通过视频的商品链接跳转到电商平台购物界面时,界面上会有广告的标识。

"奇观"AI 识别是 AIGC 在网络视频领域的典型应用,它的成功得益于爱奇艺先进的 AI 技术和强大的算法。"奇观"AI 识别不仅为用户带来了新颖的视频交互体验,还增强了用户、平台、内容、广告之间的联动。"奇观"AI 识别在为用户提供个性化服务的同时,还大幅提升了视频网站的运营效率。

8.2　AIGC 促进资讯传播迭代

AIGC 可以从两方面促进资讯传播迭代,分别是:提高资讯内容制作效率,保证时效;促使传播媒介转变,为用户带来新奇体验。

8.2.1　提高资讯内容制作效率,保证时效

资讯越早发布,获得的关注度越高,而人工的效率有限,无法在保证质量的同时保证资讯的时效性。AIGC 技术能够辅助工作人员制作内容,快速产出内容。

AI 生成新闻稿最早可以追溯到 2014 年,当时,《洛杉矶时报》的

记者研发了一个新闻自动生成系统，名为 Quakebot（地震机器人）。Quakebot 能够在地震发生后仅用 3 分钟就撰写一篇新闻，记者仅需浏览一遍稿件即可点击发布。

如今，很多企业都推出了 AI 写稿软件，辅助内容生成。腾讯 AI Lab 推出了名为 Effidit（文涌）的创作工具，其具有四个功能，分别是智能纠错、文本补全、文本润色、超级网典，能够帮助用户更加简便地进行文章创作；百度推出了 AI 智能写作工具，运用了自然语言处理与知识图谱技术，拥有自动创作和辅助创作两种能力，用户可以根据自身需求选择。百度 AI 智能写作工具的应用领域包括财经、体育、天气预报等，它能够在 1 分钟内创作一篇 1 000 字左右的文章，大幅提高新闻生成效率。

AIGC 技术的应用为资讯行业带来颠覆性的改变，它能够大幅提高内容创作效率，使传媒从业者将更多的精力投入创造性的工作，充分发挥自身优势，而无须再为重复性的工作分心。

8.2.2　促使传播媒介转变，带来新奇体验

AIGC 能够使资讯传播的媒介发生改变，使之由平面的文字、图片等逐步向视频转变。AIGC 能够颠覆内容创作领域，给用户带来新奇的体验。

AIGC 以其多样性、可控性、组合性和真实性的特征，能够为传媒领域提供更加多元、动态、丰富的交互内容。AIGC 为资讯行业提供了新的内容生成工具，使原本平面、抽象的文章立体化、具象化。AIGC 可以用于打造虚拟记者和主持人，使采编和主持工作具备更高的趣味性和交互性。AIGC 还被广泛应用于虚拟采编现场和背景的构建，与 VR（virtual reality，虚拟现实）、AR（augmented reality，增强现实）等

技术相结合打造多感官交互的沉浸式采编体验。

AIGC 作为新型内容生产方式，可以全面赋能媒体内容的创作和生成。在 AIGC 的发展过程中，采访虚拟助手、写稿机器人、智能虚拟主播、视频字幕生成、视频集锦等相关应用不断涌现，并渗透采编、传播等多个环节，极大地提升了传统内容生产方式的视觉观感，使资讯内容更加丰富且具备更强的吸引力。

以影谱科技为例，影谱科技以智能视觉内容生成优化传统视觉内容生成流程，实现视觉内容的智能化、规模化和标准化生成。影谱科技的 AIGC 引擎可以在短时间内生成一段独具特色的视频内容，同时还可以对已经拍摄好的视频进行编辑和重构。例如，自动锁定关键帧并根据关键帧的内容生成与视频匹配的内容，最后智能生成一段 AI 视觉内容。

此外，影谱科技还推出了一款 ADT（automatic digital twin，数字孪生）引擎，这款引擎是生成式 AI 技术在 AIGC 浪潮下深入发展的多模态内容生成引擎。ADT 引擎运用成熟的 AI 算法、3D 建模和重建、数字仿生交互等技术和工程化能力，创建具有空间感的高维度信息，构建起元宇宙世界与现实世界虚实结合的桥梁。ADT 引擎加快实现内容的可视化交互，为内容增添了更加强烈的视觉观感。

ADT 引擎通过多模态的复杂场景创建，实现了内容创作与多场景的融合，极大地丰富了媒体内容的视觉效果。ADT 引擎已经成为资讯行业提升内容视觉观感的重要 AI 基础设施。

第 9 章

教育行业：AIGC 助推教育智慧化发展

AI 技术为教育行业带来机遇，AIGC 成为智慧教育的加速器，推动教育行业实现多重变革。AIGC 在教育的多个环节落地，丰富应用场景。在 AIGC 的助力下，智慧教育将不断发展。

9.1 AIGC 推动教育行业变革

AIGC 能够给教育行业带来三个方面的变革，分别是教学变革、教学环境变革、学习方式变革，能够实现个性化教学。AIGC 成为智慧教育发展的重要驱动力。

9.1.1 教学变革：AI 虚拟教师走进课堂

很多科幻影片中都曾描绘这样的场景：未来，虚拟教师取代真人教师，与学生对话交流，为学生讲解知识，如果学生提出问题，虚拟教师能够认真解答。如今，曾出现在科幻影片中的场景在 AIGC 技术的推动下有望成为现实。

AIGC 能够打造虚拟教师，给学生带来全新的课堂学习体验，赋能学生学习。在课堂上，AI 虚拟教师可以与学生互动，为学生讲解知识；在课后，AI 虚拟教师可以为学生提供个性化的学习辅导，帮助学生巩固知识。

AI 虚拟教师在实际中已经有所应用。奥克兰一所学校推出了一位 AI 虚拟教师 Will（威尔），他可以为学生讲解可再生能源方面的知识。

在课堂上，威尔为学生讲述关于风能、太阳能等可再生能源的知识，学生可以在威尔讲解的过程中与他互动。威尔搭载了人工神经系统，可以对学生的答案和肢体动作作出回应，还可以识别学生对所学内容的理解程度，作出更合理的教学规划。此外，威尔还能够与学生进行双向互动，如同真实的人类。在教学方面，威尔发挥了重要作用。

国内一些机构也积极研发 AI 虚拟教师。2022 年 2 月，河南开放大学推出了虚拟教师"河开开"。"河开开"的形象是通过采集河南开放大学中多位女教师的形象并利用人脸识别、数字建模等技术合成的，其主要功能是给学生答疑、担任教师助教和进行协同教学，减轻真人教师的负担。

在教育行业，许多教育机构也推出了 AI 虚拟教师，采取"AI 虚拟教师 + 本地教师辅助授课"的教学模式，在课堂中穿插互动小游戏，提升学生的学习兴趣。例如，小熊美术将视觉识别、语音识别、机器学习等多种技术应用在课堂上，将课程与游戏相结合，提升学生学习积极性；借助 AI 技术还原线下的授课场景，活跃课堂氛围。

与传统的课堂相比，配备 AI 虚拟教师的 AI 互动课优势突出：一是能够在课堂中穿插互动活动，增强课堂的互动性；二是闯关模式可以持续吸引学生的注意力，培养学生的坚持性；三是 AI 虚拟教师的标准化程度高，能够保证课堂质量，解决师资不足的问题；四是 AI 虚拟教师能够根据学生对教学内容的掌握情况及时调整教学进度，帮助学生更好地理解知识。

总之，AI 虚拟教师具有自己的优势，能够做到智能化、个性化教学。未来，AI 虚拟教师将会大量应用于教学实践，推动教育行业数字化发展。

9.1.2　教学环境变革：AIGC 生成虚拟教学环境

AIGC 能够给教学环境带来变革，为学生提供更加逼真的虚拟教学环境，使课堂具有沉浸性、交互性，提升教学效果。AIGC 生成虚拟教学环境的优势主要体现在以下两个方面：

（1）AIGC 技术能够为学生打造具有真实感的学习环境，提升学习效率。学生在具有真实感的环境中学习，能够主动、完整地体验学习过程。

在虚拟教学环境中，立体的教学内容更容易吸引学生，使学生能够长久地集中注意力，发现学习的趣味。

（2）AIGC 技术能够调动学生参与课堂的积极性，使学生由被动转向主动，更好地融入课堂，与教师交流、讨论。学生参与度的提升有助于学生学习成绩的提升。

在变革教学环境方面，AIGC 技术的应用主要体现在三个方面，如图 9-1 所示。

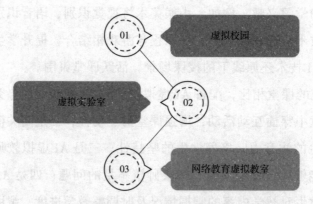

图 9-1　AIGC 技术变革教学环境的三个方面

1. 虚拟校园

虚拟校园即借助虚拟现实、三维建模、AIGC 等技术生成与真实校园场景一模一样的虚拟学习环境，无论是校园的围墙，还是内部的门窗、走廊、灯光，都能够通过虚拟现实技术整合在计算机网络中。虚拟校园也有学习资源，这些学习资源都是电子书籍，经过扫描仪扫描后数字化存储在数字图书馆中。学生进入虚拟图书馆，可以浏览所有电子书籍，就如同现实中阅读书籍一样。学生还可以打造自己的虚拟图书馆，如果看到自己感兴趣的电子书籍，学生可以将其借阅到自己的虚拟图书馆自由阅读。

2. 虚拟实验室

在现实教学活动中，许多需要学生通过实验习得的知识仅能由教师通过理论讲述传授给学生，这是因为：部分实验设备过于昂贵，无法提供给学生使用；某些实验过于危险，存在安全隐患，学生无法亲身参与。

而虚拟实验室可以满足学生参与各种实验的需求。学生不再受到时间、地域的限制，只要设备安装了虚拟实验室，学生便可以操作，提高了学习自由度，而且在虚拟环境中进行实验操作，能够避免安全隐患，保护学生的安全。学生不需要考虑现实中的种种制约因素，可以尽情开展实验，增强对学习内容的理解，培养学习兴趣。

3. 网络教育虚拟教室

网络教育因能够突破时间、地点、成本的限制，且具有灵活性，而受到人们的关注，然而网络教育也受到了不如线下面授的质疑。很多人认为，网络教育无法提供真实的学习氛围，因此无法产生理想的教学效果。

AIGC 技术能够解决这些难题，教师能够借助 AIGC 技术出现在虚拟教室中，为学生授课。学生在虚拟教室中能够体验真实的学习氛围，获得传统网络教育无法实现的学习效果。

AIGC 技术为教学提供了全新的场景，带来了全新的生机与活力。未来，随着 AIGC 技术在教育领域的应用不断深入，更多虚拟教学场景将会出现，以更好地满足教育行业日益增长的需要。

9.1.3　学习方式变革：AI 智能分析，实现个性化教学

随着人们对教育更加重视，个性化教学需求爆发，但是师资力量有限，个性化教学很难实现。AIGC 技术能够实现学习方式变革，教师可

以借助 AIGC 应用对学生进行智能分析，了解学生的学习情况，实现个性化教学。

例如，某位初中教师运用坚知果 AI 智慧课堂进行课堂讲授，实现个性化精准教学，该教师在授课前，利用坚知果 AI 智慧课堂的"一键组卷"功能对学生的学习情况进行课前测验；通过测验，该教师可以了解学生的预习情况，并据此调整适合班级的教学目标与教学重难点，做到精准授课。在讲解课前测验题目时，该教师可以了解学生的易错题目，实现精准讲解，还可以根据作答情况进行针对性提问，检验学生是否掌握薄弱知识点。

在讲解完知识点后，该教师可以使用试卷检验学生对知识的吸收程度。学生在纸质试卷上作答，该教师利用扫描仪扫描试卷便可获得学生的成绩，了解学生的学习情况。该教师会根据学生的成绩布置作业，帮助学生进行个性化精准复习：全对的学生完成必做作业即可，出错较多的学生在完成必做作业后还需要完成其他复习巩固作业。

对于 AI 在教学中的应用，许多教师都十分满意。有些教师表示，以往的教学需要依靠经验，筛选错误率高的题目需要教师手动记录。而如今借助 AI 分析，教师能够看出整个班级学生的共性问题，也能看出某位学生的个人问题，根据学生的个人情况进行针对性的教学调整。借助 AI 的精准分析，教师不再是"广撒网"式教学，而是能够做到精准讲解，提高教学效率和学生学习效果。

有些教师认为，数字化教学更能实现因材施教的目标。一个班级往往有几十名学生，想要顾及每一位学生，教师的时间和精力都不够，但借助 AI 分析，学生的点滴成长都会被记录下来，教师可以根据学生的学情数据有针对性地给予指导、布置作业，真正做到因材施教。

AI 在教育领域获得了深入发展，越来越多的教师在课堂上使用 AI 助手。在 AI 的助力下，教师将能够对学生进行多样化、个性化的教学，能够在有限的课堂时间中，使教学的价值最大化。

9.2　赋能学校教学和企业教学

AIGC 的应用场景十分丰富，能够作用于多个教学环节，包括辅助备课、辅助教学和作业批改等。除了学校教学外，AIGC 还能够赋能企业教学，为企业打造专业的智能陪练。

9.2.1　学校教学：辅助备课 + 辅助教学 + 作业批改

AIGC 技术已经渗透学校教学的方方面面，能够在多个环节辅助教师开展教学工作，包括备课、教学和作业批改。在 AIGC 技术的帮助下，教师的工作效率有了显著提高，可以将更多精力用于提升教学质量上。

例如，好未来利用先进 AI 技术提出了"GodEye（神之眼）课堂质量守护解决方案"（以下简称"GodEye"），赋能教师培训、教师备课。

好未来是 AI 赋能在线教育的代表，借助 AI 技术进行教师培训。过去，教师往往需要独自在空无一人的教室中反复讲课，以提升教学质量，但这样的练习模式很难使教师明白自己的薄弱之处。而 GodEye 能够对教师授课过程中的状态进行分析，从互动、举例、肢体动作等维度进行测评，帮助教师提升授课能力。

例如，GodEye 能够通过人体姿势识别系统识别教师讲课过程中的手势、动作，肢体动作丰富的教师会得到较高的评分，肢体僵硬的教师则会被提醒改进。口语指标则是检测教师的表达是否有一些重复的词汇或者不必出现的词汇，帮助教师注意自身的表达。在 AI 的帮助下，教师的教学能力将得到提高。

在课堂上，AI 也能够进行实时监控，对学情进行分析。在线上课堂中，GodEye 会从师生问答、学生讲题、错题纠正、思维导图、课堂笔记、学生练习六个维度对课堂中师生的行为进行分析，并形成学习报告。例如，在师生问答环节，AI 会根据师生的问答情况，对问答质量进行评分，师生的对话内容越多、越深刻，问答评分越高。

AI 形成的学习报告可以帮助学生了解自己的学习情况、学习的薄弱点，还可以帮助教师优化教学策略，提高教学质量。

对于教师而言，作业批改也是一项重要的工作。作业批改的工作量大，而且教师需要保证时效性和效率。在学校，如果学生刚刚做完一套试卷，教师立即批改，那么可以很快讲评这套试卷。由于学生刚刚做完试卷，对试卷的题目记得很清楚，因此讲评效果最好。如果教师一个星期或半个月后批改、讲评试卷，那么学生早已遗忘试卷中的题目，讲评效果会大打折扣。

作业批改是教师的日常工作之一，是教师检验学生知识吸收程度的重要手段。作业批改工作如此重要，教师如何高效地完成呢？这就需要 AI 技术的帮助。

OK 智慧学习作业平台搭载了 AI 技术，可以实现自动批改客观题目、自动统计分析数据，提高教师的作业批改效率。借助 OK 智慧学习作业平台批改作业，教师可以及时给予学生反馈，且反馈形式更多样化。例如，教师可以用语音评讲学生的作业，这样更生动、直观，效果更好；教师可以录制视频讲解试题，有针对性地指导学生，提高学生学习的积极性。教师还可以通过该平台了解学生的学习情况，实现分层教学与个性化辅导。

总之，AIGC 技术能够在多个方面赋能教师，提高教师的教学水平。但教师在使用 AI 工具时也需要牢记，AI 仅仅是辅助手段，想要真正提高教学水平还需要自身能力强。

9.2.2　企业教学：为企业打造专业智能陪练

AIGC 技术不仅能够应用于学校教学中，还能够应用于企业教学中。AIGC 能够帮助企业对员工进行培训，以规范化、流程化的培训提高员工的专业技能。

例如，弘成教育以帮助企业搭建数智化培训体系为主要目的，在 AIGC 应用方面进行了探索。弘成教育主要将精力投入企业数字化学习、数字化转型和 AIGC 教学应用等方面，为了在这些方面打造领先优势，他们先后进行了数据埋点、数据采集等方面的创新，打造了许多优势服务模块，包括人机互动陪练模式、AI 学习项目智能运营等。弘成教育的多款产品能够根据系统更好地理解用户需求，为用户提供智能化的服务。

弘成教育重点推出的产品是"智能陪练"。智能陪练主要服务于企业，可以在线上模拟工作场景，由 AI 扮演特定角色，并结合语音识别、语音合成、自然语言处理等技术，实现人机互动，提升员工的能力。智能陪练能够帮助企业员工发现培训的乐趣，提升员工参与培训的主动性，在企业内部营造浓厚的学习氛围。

弘成教育致力于解决企业的员工技能培训问题，目前他们已经与京东、三菱、宝马等企业建立了合作伙伴关系。未来，弘成教育将在技术与产品方面继续创新，利用 AIGC 技术为企业提供更优质的服务。

9.3　丰富应用，AIGC 教育探索不断

AIGC 技术优势显著，能够与各个行业融合发展。在教育行业，一

些企业致力于推出 AIGC 应用，助推 AIGC 教育进一步发展。例如，王道科技推出 Class Bot（课堂机器人），实现智慧教学辅导；网易有道自主研发生成式 AI，推出 AI 教育模型等。这些产品成为 AIGC 教育发展的加速器，能够有效提高教师的教学质量。

9.3.1　王道科技：开发 AIGC 教学工具

在线教育对课堂的互动性和教学内容的垂直度有一定的要求，这与 AIGC 技术有着天然的契合性，因此，AIGC 技术受到了在线教育机构较大的关注。许多企业聚焦 AIGC 技术与在线教育的融合，不断探索，推动 AIGC 在教学辅导、个性化教学方面实现突破。

王道科技是一家在线教育技术企业，他们计划推出一款以 AIGC 技术为基础的 Class Bot 产品，帮助学校打造在线学习课程，并以自适应学习的模式提升学生的线上学习效率。

王道科技研发的产品 Class Bot 是一个学习辅助工具，主要有三个功能，分别是自动生课、智能助教和自适应学习，这些功能能够为在线教育提供助力，包括课程准备、自主学习、智能助教和智能测评等。

Class Bot 将自动生课作为重点功能。自动生课功能采用了 AIGC 同源技术，可以将内部学习材料与网上的学习资料整合，标注出学习要点，自动生成课程提纲和测评试卷。同时，Class Bot 配有智能助教，能够起到班主任的作用，例如，可以为学生答疑，记录学生的学习进度；批改学生的试卷，评估学生的学习效果。

在自适应学习方面，学生能够实现个性化学习，能够对个人学习笔记进行管理，根据自己设定的学习进度完成课程。课程学习效果较好的同学可以提前学习课程，学习效果较差的同学可以反复巩固，使学习更加高效和精确。王道科技计划在 Class Bot 产品研发完成后，采取 SaaS

模式对它进行推广。

Class Bot 还可以用于企业员工培训，能够帮助企业搭建线上培训体系，提升企业员工的专业技能。借助 Class Bot，企业可以打造个性化的"教官"，精准规划培训内容，提高员工培训效率。

在应用场景方面，Class Bot 将东南亚地区作为首选。东南亚地区的初创企业较多，且这些企业内部还未形成完整的培训体系，Class Bot 可以帮助这些初创企业快速形成标准化的知识输出体系，更高效地进行员工培训。

AIGC 技术在教育行业的市场前景广阔，未来将会有更多的资金与人才流入，推动教育行业发生巨大变革。AIGC 技术应用于教育教学将成为常态。

9.3.2 网易：推出 AI 教育模型

AIGC 与教育行业具有一定的契合性，能够与之快速融合。许多企业将教育行业作为切入点，布局 AIGC，以实现更好的发展。

作为教育行业的领先企业之一，网易率先发力，尝试借助子公司网易有道将 AIGC 技术在教育场景落地。网易的这个决定并不是一时兴起，而是之前已经采取的举措的质变。网易是最早布局 AIGC 的互联网企业之一，他们早在 2018 年就开始进行 GPT 模型研究了，已经研发出数十个预训练模型，覆盖多个领域。

在游戏领域，网易推动 AI 与游戏结合，创立了网易伏羲与网易互娱 AI LAB（人工智能实验室）两个 AI 实验室，并且有相关应用落地。截至 2023 年 2 月，两个 AI 实验室拥有 400 多项发明专利，持续用技术赋能游戏内容开发。

在音乐领域，网易借助网易云音乐打造 AI 创作工具，持续进行 AI

词曲编唱、AI 歌声评价、AI 乐谱识别等技术的研发工作，其中，AI 歌声评价、AI 乐谱识别技术在国际上处于领先水平。

在教育领域，网易借助网易有道布局 AI 产业多年，并在多个关键技术上取得了傲人的成绩，包括计算机视觉、智能语音 AI 技术等。网易有道词典为用户提供免费、优质的翻译服务。同时，网易有道还推出词典笔、AI 学习机等产品，给学生提供教育知识问答平台，为他们答疑解惑。

网易有道还具有问答机器人功能，能够为用户提供个性化的信息服务。问答机器人能够对动漫、教育等垂直领域进行精准问答，满足用户的知识检索需求。

网易的探索并不止于此，网易有道的 AI 研发团队已经投入 AIGC 应用的研发中，并尝试将 AIGC 技术在更多教育场景落地。例如，网易研发了 AI 教育模型——"子曰"。

网易基于"子曰"AI 教育模型研发的 AI 口语老师已经投入使用。AI 口语老师可用于英语口语陪练场景，能够打造个性化的一对一陪练角色。在口语训练场景中，AI 口语老师可以根据语言场景扮演不同角色，引导学生练习口语。

网易有道表示，AIGC 技术在教育场景的落地应用是一次颠覆性的创新，探索 AIGC 技术在学习场景中的落地，能够加深技术团队对 AIGC 的理解。

随着新一轮技术革命开启，积极拥抱新技术已经成为教育进一步发展的必然趋势。有实力的教育企业会凭借强大的自主研发能力，赋能教育行业，以创造更大的价值。

第 10 章

娱乐行业：AIGC 创新娱乐玩法

　　AIGC 技术能够为娱乐行业的发展提供助力。对于游戏内容创作，其能够降低创作门槛，提升内容丰富性；对于音频内容创作，其能够丰富用户音乐体验；对于影视内容创作，其能够提供多元化的影视内容。总之，AIGC 能够丰富娱乐场景，给人们带来更多娱乐新玩法。

10.1 多角度赋能游戏创作，提升内容丰富性

AIGC 技术能够带来新的生产力工具，赋能游戏内容创作，解放生产力。游戏厂商应该合理挖掘 AIGC 技术的潜能，引领游戏走向智能化，跟上时代潮流。

10.1.1 虚拟形象自动生成，实现千人千面

AI 的发展催生了许多新业态，如虚拟形象生成技术。虚拟形象生成技术可以实现虚拟形象自动生成，实现千人千面，满足用户的不同需求。

2022 年末，一款名为 Lensa 的软件凭借"魔法头像"功能登上谷歌应用商店榜首，在各大社交平台刷屏。Lensa 是一款图片和视频编辑软件，但一直不温不火，在推出"魔法头像"功能后，其下载量持续飙升。

"魔法头像"即根据用户提交的原始头像生成风格各异的头像，如图 10-1 所示，其头像生成依赖 AI 模型。用户上传照片后，AI 模型会为用户智能生成不同风格的头像，如科幻风格、动漫风格、油画风格等。

除了功能单一的 AI 生成头像类 App 外，一些社交平台与游戏也融入了 AI 虚拟形象自动生成功能。

1. 社交平台

社交平台 Soul（灵魂伴侣）推出了自主研发的引擎——NAWA Engine，

图 10-1　Lensa 生成的头像

该引擎融合了 AI、自动渲染等技术，可以为用户生成虚拟形象提供助力。在虚拟形象生成方面，NAWA Engine 延续了平台可爱、立体的虚拟形象风格，可以帮助用户打造个性化的虚拟形象。

NAWA Engine 具备丰富的表情识别维度，可以对嘴形、眼睛等多个点位进行识别，生成千万种表情形态。NAWA Engine 还可以对眼球转动、吐舌头、鼓腮等动作进行识别，生成更加生动、逼真的虚拟形象。

此外，NAWA Engine 具备较强的渲染能力，能够使材质渲染和打光更加细腻。基于算法的优化，NAWA Engine 可以更快生成高质量的渲染效果，使虚拟形象更加美观。

2. 游戏

捏脸是多人在线角色扮演游戏的标配。游戏《逆水寒》率先推出了 AI 智能捏脸功能，用户可以通过输入文字和上传照片，实现智能捏脸。例如，用户输入深色皮肤、黑瞳杏眼、斯文儒雅等描述词，AI 模型便会自动生成相应的角色形象。当前,这一 AI 模型无法识别艺术性的容貌描述,如《红楼梦》中的"粉面含春威不露,丹唇未启笑先闻"。为此,《逆水寒》将引入网易伏羲 AI 实验室研发的大规模预训练模型,让 AI 模型更加智能。

随着 AIGC 应用的拓展,AI 自动生成虚拟形象的相关应用将在社交、游戏之外的更多场景落地,为更多用户提供便利。

10.1.2　游戏内容生成,降低制作成本

AIGC 给各个领域带来了变革,其中,对游戏的冲击最为明显。游戏产业十分复杂,需要寻求成本、质量、开发速度三个方面的平衡。AIGC 与游戏融合,能够智能生成游戏剧情、道具,提升生产力,降低制作成本。

AIGC 对游戏的赋能主要表现在四个方面:一是美术方面,AIGC 可以生成角色,供美术设计师选择,减轻美术设计师的工作负担;二是道具方面,AIGC 可以设计新的武器、技能,自动生成道具并合理规划数值,使武器、技能、道具的性能更加平衡;三是怪物反馈机制方面,AIGC 可以对怪物反馈机制进行优化,为用户带来更加沉浸的体验;四是剧情方面,AIGC 可以自动生成剧情,使用户更具代入感。

例如,美国游戏企业 Cyber Manufacture Co.(吉伯制造公司)发布了其最新软件 Quantum Engine(量子引擎)。Quantum Engine 主要作为 NPC(non-player character,非玩家角色)应用于游戏,可以与用户随机对话,并根据用户的回复,实时生成全新剧情。

Quantum Engine 提供了两种游戏模式:一种是用户可以体验其给定的《黑客帝国》故事;另一种是用户自己上传剧本进行体验。

在第一种模式中,用户将扮演《黑客帝国》的主角 Neo(尼奥),

AI 将扮演 Morpheus（摩耳甫斯）与用户互动。AI 能够根据用户使用的语言作出相应的回应，包括英语、中文等。在游戏中，AI 的优点是遵循故事框架和角色设定，不会"出戏"，但缺点在于表达过于生硬，用户无法从文字中看出 AI 的情绪波动；过于依赖故事框架，推动剧情的话语具有很明显的引导倾向；语音识别有一定的延迟，沉浸感不强。

Quantum Engine 在智能生成剧情、道具等方面，为用户带来了许多惊喜，其团队表示，接下来他们将重点研发 AI 互动与游戏画面相结合的技术，并致力于推出一款具有可玩性的游戏。可以预见，该技术应用于游戏，会对游戏的质量造成一定冲击，能够推动游戏领域向更高阶段发展。

除了 Cyber Manufacture Co. 外，知名沙盒游戏平台 Roblox 也在探索游戏内容智能生成方案。Roblox（罗布乐思）是一个聚集着 2 亿月活跃用户和 2 000 多种游戏的沙盒游戏平台，支持用户进行游戏创造和游戏体验。

为了赋能用户进行游戏创作，Roblox 推出了两款智能生成工具：Code Assist（代码辅助）和 Material Generator（材质生成器）。

其中，Code Assist 可以根据自然语言提示生成代码，帮助用户将游戏创作想法转化为可以接入 Roblox 游戏的代码。通过 Code Assist，用户可以改变游戏道具的颜色、道具与用户互动的方式等。这个工具在有其他代码提供参考的情况下才能工作，可以帮助用户补充细节或进行重复性编码。

Material Generator 能够根据提示生成逼真的纹理，模拟不同物体的粗糙度、金属度等，形成不同的质感。游戏开发者可以借助这一工具生成更加逼真的游戏道具。

当前，以上两种工具都处于内测中。未来，随着技术的进步，更加智能的创作工具将会出现，它们将辅助用户更便捷地完成游戏创作。

10.1.3 AIGC 赋能，游戏 NPC 更加生动

为了持续吸引用户的注意力，游戏开发者需要不断推陈出新，而 AIGC 能够为游戏的更迭提供力量。NPC 是游戏中不可或缺的一部分，AIGC 能够提升游戏 NPC 的智能性和游戏的交互性，为用户带来多重体验。

例如，网易在游戏领域持续探索，推出了智能捏脸、智能 NPC 等功能。在智能 NPC 方面，2023 年 2 月，网易宣布将在《逆水寒》中推出游戏版 ChatGPT。智能 NPC 能够与用户自由互动，并根据互动的内容，给出不同的行为反馈。根据互动程度不同，用户与 NPC 建立的关系也不尽相同，可能是仇人、知心朋友或伴侣。

NPC 与 NPC 之间也会互相交流。如果用户给 NPC 讲述一个故事，NPC 会将用户的故事传递给其他 NPC，不久后，可能游戏世界中的所有用户和 NPC 都知道这个故事。在"逆水寒 GPT"的助力下，智能 NPC 将会构成巨大的关系网络，用户的一个小行为可能就会触动这个网络，产生蝴蝶效应。

智能 NPC 的"人设"都是大宋江湖中人，训练数据大多是武侠小说、诗词歌赋，能够避免出戏。同时，智能 NPC 是"有灵魂"的，如果用户在对战时说"你家着火了"，那么 NPC 就会赶回家救火；如果用户曾经给予 NPC 帮助，那么与 BOSS 对战时，NPC 可能会从天而降为用户挡下伤害。《逆水寒》中的每个 NPC 都具有成长性，如果用户能够积极与智能 NPC 互动，将会产生更多的故事。

未来，"逆水寒 GPT"将会应用于《逆水寒》的多个方面，为用户带来更加优质的游戏体验。

10.1.4　新型游戏创作平台成为发展趋势

除了从多角度改变游戏体验外，AIGC 与游戏的结合还将助力游戏创作。在 AIGC 技术的推动下，更加先进的游戏创作平台不断涌现。

2022 年 1 月，聚焦"AIGC+ 游戏"的公司理想爱豆（深圳）科技有限公司（以下简称"理想爱豆"）成立，主要业务是进行 AIGC 游戏创作平台的研发与运营。

理想爱豆在研的产品 HyperNET（超级网络）平台可以实现游戏智能创作、结合用户画像个性化推荐等，丰富用户的游戏体验。HyperNET 平台具有以下核心功能：

1. 游戏创作

HyperNET 平台支持用户通过语音或文字生成个性化的游戏内容。游戏内的 NPC 具备不同类型的智能体，这些智能体在游戏中学习并进化，能够与用户进行情感互动。游戏关卡通过 AI 生成，AI 可以对热门游戏关卡进行分析，生成受用户欢迎的关卡内容。

2. 大数据分析

HyperNET 平台还可以作为一个大数据分析平台，为用户创作游戏提供海量数据，并根据用户的游戏行为分析游戏内容的健康度，给出打分指标。分析结果可以为 AI 模型的持续训练提供数据支撑，从而生成更加优质的游戏内容。

3. 渲染集群

渲染集群即对 AIGC 生成的游戏内容进行二次加工润色，提升游戏的渲染效果和流畅度。

当前，虽然 HyperNET 平台还处于研发中，但 HyperNET 的这种尝试无疑引领了游戏行业发展的新潮流。游戏公司集结优秀的游戏开发人员、AI 专家等打造 AIGC 游戏创作平台，或将成为趋势。

10.2 赋能音频创作，打造多元音频内容

在音频创作领域，许多企业基于 AIGC 技术推出了全新产品。例如，喜马拉雅推出"喜韵音坊"音频创作平台，实现音频内容智能生产；微软打造 AI 音乐模型，实现游戏自动配乐；百度在 AIGC 技术的支持下举办元宇宙歌会，不断丰富用户的音乐体验。

10.2.1 喜马拉雅：借 AIGC 实现音频智能生产

AIGC 作为一种全新的内容生产方式，能够在大幅降低生产成本的同时，提高生产速度，为企业与用户带来便利。在音频创作领域，喜马拉雅尝试利用 AIGC 技术为创作者提供 AI 音频创作工具，实现音频内容智能生产。

喜马拉雅是一个知名的在线音频分享平台，平台形成了"优质创作者创作优质的内容——优质的内容吸引粉丝——粉丝进行互动、宣传"的商业闭环。目前，AIGC 与多种产业结合，在多个场景落地。对此，喜马拉雅也积极探索，打造了喜韵音坊平台，该平台能够帮助用户进行音频创作，帮助用户实现配音梦。喜马拉雅打造喜韵音坊并不是一件容

易的事情，需要攻克许多技术难关，如图 10-2 所示。

TTS音色难以演绎小说

跨语言合成

语音转文字技术

图 10-2　喜马拉雅需要攻克的三个难关

1.TTS 音色难以演绎小说

TTS（text to speech，语音合成技术）是一种将文本转换为语音的技术，这种技术广泛应用于多个场景，如电话客服、机器人等，但 TTS 合成的声音是冷冰冰的机器音，不能用于录制音频节目。在音频节目中，听众希望听到有情绪变化、有温度的声音，例如，讲述童话故事的声音应该是天真可爱的，讲述武侠故事的声音应该是激昂、顿挫的，讲述历史故事的声音应该是深沉、厚重的。

如果运用 TTS 进行音频生成，就需要其能够学习情感表达、转换音色等，因此，喜马拉雅需要研究如何让 AI 理解文本语境，然后根据语境选择合适的音色，并能根据文本的情绪随时转换声音。

例如，喜马拉雅曾尝试复原评书艺术家单田芳先生的声音。单田芳先生声音的特色是韵律起伏大、许多字词发音独特，如果仅用 TTS 进行声音合成，最终形成的音频语调相对平淡，就失去了评书应有的跌宕起伏。

对此，喜马拉雅设计了韵律提取模块，该模块能够合成起伏较大的韵律，并针对单田芳先生的发音设计了口音模块，对特殊的发音进行标注，因此，AI 合成的音频能够还原单田芳先生讲评书的"味道"。

基于不断的技术创新，喜马拉雅用 TTS 合成的 AIGC 音频已经能够

"以假乱真"。如今，TTS 技术能够输出多种情感、风格的音频，被广泛应用于新闻、小说、财经等领域的音频内容创作中。

2. 跨语言合成

跨语言合成技术指的是让一种声音说两种语音，例如，A 的声音既能讲普通话，也能讲客家话，这项技术的难点在于，A 本人只讲普通话，我们却需要 AI 模仿 A 的声音说客家话。

喜马拉雅研发了一套训练方法，即跨语言语音合成技术，让模型接受语言和音色的组合训练，以解决跨语言合成问题。

3. 语音转文字技术

许多音频节目不会特意匹配字幕，导致听众很难听清节目讲的是什么。为了解决这个痛点，喜马拉雅将语音转文字技术和能够将超长音频与文本对齐的算法结合，推出了 AI 文稿功能。

AI 文稿功能能够识别无文稿的音频内容，并自动生成文稿，方便听众理解内容。对于已经有文稿的音频内容，AI 文稿能够将声音与文稿进行时间戳对轨，即在声音播放的同时，对应的文字会同步高亮，使听众能够更加便捷地收听音频。

喜马拉雅通过研发新技术，为音频行业的生产方式、内容结构带来了新的变化，推动音频行业不断发展。喜马拉雅的生产模式主要是 PGC（professional generated content，专业生成内容）和 UGC，而其在 AIGC 领域的不断探索，为其积累了诸多优势。

（1）真人接单模式进行朗读的生产成本过高，AI 生成能够实现降本增效。喜马拉雅深耕在线音频行业多年，形成了相对稳定的内容生产结构，即 "PGC+PUGC（professional user generated content，专业用户生成内容）+UGC"，其中 UGC 是用户消费最多的部分。

虽然 UGC 带来很多收入，但是喜马拉雅与创作者采用的是收入分成的利润分配方式，导致喜马拉雅的内容生产成本过高。在内容创作中引进 AI 技术之后，如果喜马拉雅借助 AI 生成音频的方式生产有声书，则能够产生海量音频内容，有效降低成本。

（2）AI 能够快速生成音频。对于新闻、时事热点等具有时效性的内容，如果运用真人接单模式，用户可能需要等待几个小时才能听到音频内容，但如果运用 AI 生成内容模式，可能只需要几分钟，用户就能够听到音频内容。例如，新京报、环球时报等主流媒体借助 TTS 技术每日平均生产 500 条音频，这是以前无法实现的。

（3）帮助创作者进行内容生产。喜马拉雅希望为创作者提供 AI 工具，以提升创作者的创作效率，降低创作门槛，使创作生态更加繁荣。

在音频行业，大多数内容创作者没有专业团队，因此，他们能够演绎的内容有局限性，他们只能选择单播作品，这限制了他们声音的收益力。而喜韵音坊上线 AI 多播功能后，主播可以与 AI 合作，实现单人演绎多播作品。

一名在喜马拉雅进行音频创作的主播表示，喜韵音坊的音色类型多样，有公子音、"御姐"音、青年音等多种音色，而且 AI 还能够展现人物的不同情绪，无论是悲伤、愤怒，还是钦佩、喜欢，都可以自如切换，能够满足听众的多种要求。

喜马拉雅利用 AI 技术变革了音频行业的内容生产方式，重塑了音频行业的商业逻辑。未来，AI 技术将会进一步赋能音频创作，生成更加逼真的音色，让更多创作者爱上配音。

10.2.2 微软：推进音乐 AI 模型研发

作为 AI 领域的头部企业，微软积极推动 AI 与各行各业结合。2022

年末，微软申请了一项用于编写乐谱的 AI 模型的专利，这项技术能够用于为游戏、电视节目等制作音乐、声音、其他音乐元素。

这项技术落地应用后，借助 AI 为游戏创作音乐将成为现实。在游戏中，场景不同，玩家表现不同，背景音乐和音效也不同，但当前游戏中使用的音乐一般是人工提前编辑的固定音频，这些音频会在玩家触发后播放。而该 AI 模型可以以视觉、音频等作为调控参数，生成更加多样的游戏音乐，其能够根据玩家的不同表现生成个性化的音效，即使是体验同一款游戏，不同玩家在游戏中获得的音乐体验也是不同的。

微软对该 AI 模型进行了介绍，表示其能够分析人们的情绪、表情、所处环境等，并结合图文信息，生成与游戏画面相匹配的音频。同时，该 AI 模型可以根据不同的场景制作不同的背景音乐，如为游戏角色的登场设计一段大气磅礴的管弦乐、在游戏角色死亡时设计一段悲伤的音乐等。此外，在音效方面，该模型可以让游戏中的爆炸声、打斗声更加真实。

虽然这项技术还没有真正投入使用，但依据微软的描述，我们可以想象，在不久的将来，AIGC 在音乐内容制作方面将获得更大发展。

10.2.3　百度元宇宙歌会：AIGC 技术升级体验

AIGC、元宇宙、虚拟数字人等都是横跨多个领域的社会热词。百度作为科技前沿企业，将这些词汇组合在一起，举办了一场元宇宙歌会。元宇宙歌会颠覆传统歌会的形式，给观众带来无限想象空间。

2022 年 9 月 26 日，百度元宇宙歌会在虚拟空间举办，此次歌会以直播的形式，在百度 App、爱奇艺、微博、B 站等平台同步直播。歌会由百度推出的 AI 数字人度晓晓担任制作人，歌会内容包括演唱 AI 创作的歌曲、AI 修复画作《富春山居图·合卷》等，赢得众多网友点赞。

　　此次歌会的成功，离不开 AIGC 的应用与创新。百度将 AIGC 融入歌会的诸多环节，如作曲、编舞、舞台设计等。度晓晓与真人明星同台亮相，进行虚实互动。

　　作为 AIGC 的典型形态之一，度晓晓在歌会现场展现出超强的唱跳能力和沟通互动能力。歌会全程由度晓晓主持，在直播过程中，度晓晓还与观众实时互动，回复观众的评论。

　　歌会的节目是由 AI 创作的，例如，歌会中的歌曲节目《最伟大的 AI 作品》，是度晓晓在百度文心大模型的支持下，学习了许多说唱歌曲后创作的。

　　百度对度晓晓的形象及能力进行了升级，用户可以在百度 App 中与度晓晓聊天，度晓晓可以用语音回复用户。未来，随着度晓晓的升级，更多数字人交互方式将被解锁。

　　除了此次元宇宙歌会外，百度还推出了多项 AIGC 技术应用，例如，将数字人技术与 AIGC 视频生成技术、语音合成技术相结合，为用户提供更加智能的数字人应用；通过文心大模型为用户提供 AI 视频创作、AI 音乐创作助手，推动 AI 内容创作生态繁荣。

10.3　影视内容创作：提供多元化影视娱乐内容

　　AIGC 给内容创作领域带来变革，在影视行业，其能够应用于剧本创作、生成虚拟演员、智能剪辑和内容修复等方面。各大企业正在极力推动 AIGC 与影视内容创作深度融合，为用户提供多元化影视娱乐内容。

10.3.1 剧本创作：基于小说生成剧本

AIGC 能够应用于剧本创作，它通过对大量的剧本进行分析、归纳，按照预设的风格进行剧本生产。如今，在经过训练以后，AIGC 已经能够投入使用，轻松实现小说转剧本。

以数字化内容科技公司海马轻帆为例，创作者只需登录海马轻帆的网站，进入创作平台的"智能写作"界面，将小说内容复制粘贴至"小说转剧本"的文本框中，便能够一键生成或转换剧本格式。海马轻帆的这一功能对小说语言重新分析、拆解、整合，组成包含对白、场景、动作等视听元素的剧本，大幅提升了剧本改编的效率。

海马轻帆还上线了角色戏量统计、一键调整剧本格式、剧本智能评估、短剧分场脚本导出、海量创作灵感素材库等功能。其中，角色戏量统计能够智能识别剧本中的角色，对角色戏量进行整理和归纳；一键调整剧本格式功能支持多种剧本格式的自由切换。

剧本智能评估功能能够面向内容创作者和开发者，对网络电影、院线电影、网剧、电视剧等剧本内容进行数据分析。剧本智能评估功能可以智能生成剧情曲线，并展示剧情冲突的跌宕起伏，分析剧情整体布局和发展节奏的合理性。

在场次分析方面，剧本智能评估功能能够识别剧情中的重要场次布局情况，从而判断重要场次的布局是否合理。在人物分析方面，剧本智能评估功能能够根据剧本中角色的互动生成人物关系网，计算角色之间的互动以及戏份占比，并从人物命运转折的角度分析人物在剧中的成长性。剧本智能评估功能还被广泛应用于剧本评测、筛选和改编等多个商业化场景，帮助影视企业解决剧本内容后期制作开发和质检等方面的问题。

在网络电影剧情评估方面，海马轻帆推出重要场景和剧情详细解析功能。海马轻帆还推出多稿剧本比对分析功能，该功能通过将剧本与同类型的优秀剧本进行比对，分析剧本的竞争优势。海马轻帆自主研发的算法根据不同剧本的特征，针对场次分析、剧情评价、人物特征及角色关系等多模块搭建了评价指标体系，帮助影视企业进行剧本的初期筛选，解决了剧本创作高耗时、低产出的问题。

由海马轻帆 AI 撰写的微短剧《契约夫妇离婚吧》在快手播放量破亿次。海马轻帆剧本智能评估功能服务过的电影作品有《流浪地球》《拆弹专家 2》《你好，李焕英》《误杀》《除暴》等，电视剧有《在远方》《我才不要和你做朋友呢》《传闻中的陈芊芊》《冰糖炖雪梨》《月上重火》等。海马轻帆还服务过众多知名影视企业和机构，如中影、优酷、阿里影业等。

如今，海马轻帆具备较高的行业渗透率，它渗透于影视娱乐行业的各个板块，推动了剧本改编的新变革，帮助剧本创作者更加精准地抓住内容的逻辑、主旨和特色，实现剧本的高效、高质量改编。

10.3.2　虚拟演员：AI 驱动，创作影视内容

AIGC 能够拓展角色与创作场景，使影视内容更加丰富。AIGC 对影视内容的赋能主要体现在两个方面：一方面，AIGC 能够完善演员角色；另一方面，AIGC 能够合成虚拟物理场景，完善影视内容。

一些影片对制作水平要求较高，往往需要达到多语言译制片画音同步，实现演员角色跨越，让演员演绎高难度动作。而 AIGC 可以为满足上述需求提供解决方案，完善演员角色。一个名为 Flawless（美乐斯）的企业针对多语言译制片中演员口型对不上的问题发明了可视化工具 TrueSync（真正同步）。TrueSync 能够利用 AI 深度视频合成技术对演员的面部进行调整，使演员的口型与字幕匹配。

AI 还能够还原已故演员的声音，例如，科大讯飞与央视在纪录片

《创新中国》中合作，利用 AI 算法对已故配音员的声音进行学习，并根据文稿合成配音，重现已故配音员的声音。

场景搭建是影视剧拍摄的重要环节，而搭建精良的场景需要耗费高昂的成本，基于此，众多影视企业引入 AIGC 虚拟场景合成技术，以节省搭建场景的精力和成本。

AIGC 虚拟场景搭建常应用于动画场景搭建和影视剧场景搭建。在动画场景搭建中，AI 通过将虚拟场景与虚拟数字人结合，实现虚拟场景的多人实时互动，打造沉浸式零距离社交体验。AIGC 在角色互动、场景互动、虚拟化身等方面赋能动画制作，给观众带来临场感更强的观看体验。例如，实验性动画短片《犬与少年》的部分场景就是由 AI 搭建的，它创新了场景搭建的方式。

在影视剧场景搭建方面，AIGC 能够数字化生成无法实拍或成本过高的场景，这大幅拓宽了影视作品想象力的边界，能够给观众带来更优质的视听体验。以影视剧《热血长安》为例，剧中的大量场景都是通过 AI 技术虚拟生成的。工作人员在前期大量采集场地实景，再进行数字建模，利用 AI 技术搭建出栩栩如生的拍摄场景。在拍摄的过程中，演员在影棚绿幕前表演，后期制作人员利用实时抠像技术，将演员动作与虚拟场景进行融合，最终生成视频。

AIGC 辅助场景搭建需要经过四个步骤，分别是场景绘制、一次 AI 生成、二次 AI 生成、人工修改，即先由动画师手动绘制场景，再通过 AI 对场景进行一次生成和二次生成，最后再由动画师对 AI 生成的场景进行修改和优化。在整个场景搭建的过程中，动画师只需要参与创意生成阶段和最终交付阶段。

AIGC 已经成为搭建虚拟场景的重要工具，它在搭建 3D 模型和制作场景特效方面发挥着越来越重要的作用。例如，某公司推出的 AIGC 模型 GET3D（获得 3D）具备生成空间纹理的 3D 网格功能，能够根据深度学习模型和训练模型实时合成具有高保真纹理的复杂场景。

GET3D 能够将虚拟空间的特征和元素集合，并根据制片方的要求，自动生成空间仿真环境，因此，GET3D 常被应用于搭建影视剧虚拟场景。GET3D 能够根据指令自动生成不同风格、不同形态、不同面积的虚拟场景。在自动生成特定的场景后，制片人只需要对场景效果进行简单的人为干预和优化，便可将场景投入使用。

AIGC 极大地提升了场景搭建的效能，能够使场景在交互和视觉呈现方面更加生动、逼真。AIGC 以更快的速度和更低的成本生成更加丰富的场景，开辟了在影视创作领域的全新发展路径。

10.3.3　智能剪辑：提升后期制作效率

在影视内容创作环节，AIGC 还可以应用于内容剪辑中，减少人工的工作量，提升影视剧后期制作效率。

摄影师需要以抓拍的方式捕捉一些完美时刻，而剪辑师往往需要对摄影师抓拍的视频进行逐帧剪辑，以获得关键镜头，这个工程量十分庞大。而 AIGC 的引入，大幅减少了摄影师和剪辑师的工作量，提升了视频后期制作的效率。

在视频的后期制作中，AI 能够基于图像识别技术，自动识别视频中的内容，搜集和提取符合视频主题的片段，节省收集和整理视频素材的时间。例如，视频中的人物是哪个角色、由哪位演员扮演、哪里出现了长城的镜头、哪里出现了人物对话等。

AI 能够分析和理解镜头语言，学习剪辑规则，根据剪辑师输入的文本剪辑视频。例如，剪辑师可以在视频剪辑系统中输入："这是一个由远及近的镜头，节奏慢，色调昏暗；视频主角在第 5 秒入画，第 30 秒出画，动作是推着自行车在巷子里缓慢地前行；主角神情落寞，情绪低沉,眼角流下泪水。"AI 在对文本内容进行充分的语义理解后,便能够自主学习预先设定好的剪辑规则,对视频进行精剪、拼接和合成,最终生成一段衔接顺畅的视频。

AI 能够帮助剪辑师筛选视频素材。例如,一档综艺节目往往需要百余个机位共同录制,录制过程中会产生大量的素材,素材和成片的比例大概为 1 000:1,甚至更低。如果仅依靠人工筛选素材,会耗费大量的时间和精力,而 AIGC 可以简化筛选视频素材的流程。

Magisto(视觉编辑器)是一款强大的 AIGC 视频剪辑软件,它运用了 AI 情绪感知技术,能够剪辑出情绪饱满的影片,引发观众的情感共鸣。使用 Magisto 剪辑视频,剪辑师只需要将自己想要剪辑的影片素材、影片风格和背景音乐输入剪辑系统,系统便能够自动生成带有情绪导向的影片。

Premiere Pro(视频剪辑)也是一款比较受欢迎的视频剪辑软件,它具备精准的视频色彩匹配功能,能够自主识别影片素材的不同色彩,并将色彩进行统一调整和适配。同时,该款软件能够自动分类、整合视频片段,提升剪辑的效率。

AIGC 视频剪辑具有独特的技术优势和使用价值,随着 AIGC 技术不断进步,其将助力视频剪辑向更高层次、更高质量的方向发展。

10.3.4 影视剧修复:AI 系统智能修复影视剧

AI 技术的发展可以为过去的记忆增添色彩,许多黑白照片、黑白影片能够在 AI 技术的修复下焕然一新。

例如,西安电子科技大学的一个创业团队致力于老旧影片的修复,他们利用 AI 技术修复影片,使影片焕然一新,该团队已经完成了几十部老旧影片色彩和画质的修复工作。

　　老旧影片是一个时代的缩影，具备较高的内容价值，但随着时代的发展，老旧影片因色彩和画质不佳被当代年轻人"拒之门外"。针对这一现象，西安电子科技大学的一个创业团队利用 AI 技术，给历史影片"美颜"，努力让老旧影片重新回到人们的视野中，以使更多当代年轻人了解老旧影片的文化传承，挖掘老旧影片的价值。

　　该创业团队汇集了网络信息、AI 等专业的 10 名学生，团队成员充分发挥自身的知识和技能优势，共同构建起 AI 数据模型库。创业团队利用 AI 对大量的老旧影片和现代彩色影片进行深度学习，根据影片当下呈现的色彩效果推断影片的原始色彩效果，从而完成对老旧影片的色彩修复工作。

　　老旧影片大多是用胶片存储的，磨损情况较为严重，创业团队不仅需要用 AI 算法对影片局部进行光线平衡和防抖处理，还需要运用上色算法对影片重新上色，对影片的画质进行升级。该团队通过不断迭代 AI 修复技术，完后了对《城市之光》《摩登时代》《罗马假日》《小兵张嘎》《渔光曲》《永不消逝的电波》等老旧影片的修复。同时，该团队还对接了西安电影制片厂等单位，与其开展合作。

　　对于 AI 修复技术的发展，创业团队有着美好的向往和规划。团队负责人表示，其将带领团队在 AI 影片修复领域深入研究，以打造 AI 修复技术的优势，进一步推动 AI 在影片修复领域的发展。

第 11 章

电商行业：AIGC 引爆电商营销潜力

AIGC 拥有强大的内容生成能力，这种强大的内容生成能力，使它成为电商业务增长的助推器。AIGC 应用于电商行业，能够为电商营销提供智能化工具，变革营销内容、营销场景与营销手段，助力电商企业业务增长。

11.1 营销内容：AIGC 融入多环节

AIGC 技术融入电商营销的多个环节，生成多样化的营销内容，包括营销文本、营销图片、营销视频、营销方案等，全方位赋能电商营销。

11.1.1 生成专业化营销文本

AIGC 技术可以应用于生成营销文本，包括营销文案、营销邮件等。在电商领域，优质的营销文本可以吸引用户，电商卖家也将创作优质的文本作为重要工作，但人工生成文本存在效率低下的问题。借助 AIGC 技术，电商卖家可以高效地生成高质量的营销内容，满足不同用户的偏好，实现精准营销。

在营销文案生成方面，电商卖家可以使用"微撰"撰写营销文案。微撰是一个文案写作工具，可以智能生成营销文案。电商卖家只需要输入关键字或句子，微撰便可以根据产品的特点、市场趋势等，生成符合卖家要求的文案；同时，微撰还可以对文案中的语法、拼写等错误进行自动识别，提高文案的质量。微撰支持多种访问形式，包括电脑、手机和小程序等，电商卖家可以随时随地生成营销文案，方便快捷。

如何书写营销邮件是很多电商卖家在营销推广中遇到的难题。在书写营销邮件方面，电商卖家面临邮件内容重复、影响转化、内容模板老套、无法吸引消费者等问题。如何优化营销邮件，提高电商卖家与消费者之间的沟通效率呢？电商卖家可以利用 AIGC 应用创作营销邮件。

例如，网易外贸通推出了 AI 写信功能，其具有两种作用：一是创建邮件；二是润色邮件内容。AI 写信功能支持创作不同场景的邮件，有许多邮件类型可供电商卖家选择，如产品介绍邮件、节日祝福邮件等。电商卖家只需要输入店铺信息、商品信息或商品的关键词，AI 便可智能生成一封邮件。如果电商卖家对这封邮件不满意，可以点击重新生成，获得一封新邮件。确认邮件内容后，电商卖家点击"填入到邮件"，便可以直接发送营销邮件。

AI 润色功能可以帮助电商卖家润色自己撰写的邮件。电商卖家输入邮件内容后，便可以对内容进行一键润色。电商卖家不仅可以选择邮件的具体用途与使用场景，还可以选择邮件的语气，如委婉、亲切、商务等，十分便捷。

"AIGC+ 电商"大幅提升了电商卖家的内容生产效率，提高了内容质量，为电商卖家的内容创作打开了全新的发展空间。

11.1.2　生成定制化营销图片

AIGC 能够应用于生成营销图片，提高营销效率。电商卖家上架新产品需要拍摄大量图片，耗时耗力。AIGC 可以帮助电商卖家快速生成需要的图片，节约时间，提高效益。

ZMO.AI 是一个 AI 模特图片解决方案提供商，他们创建了一个模特图片生成平台。借助这个平台，电商卖家只需要提供服装产品图片与模特指标，如脸型、身高、肤色、体型，便能合成自己需要的模特图。

ZMO.AI 还推出了另一款可以生成营销海报的产品——Marketing Copilot（人工智能营销助手）。使用 Marketing Copilot，电商卖家只需将产品图上传至平台，就能够自动完成产品宣传图的拍摄、海报制作、后期优化等工作，生成优质营销海报，如图 11-1 所示。

图 11-1　ZMO.AI 自动生成的营销海报

　　与传统的拍摄相比，AIGC 自动生成图片能够节约电商卖家的成本与时间。电商卖家宣传产品需要借助于精美图片，图片需要摄影师拍摄，不仅拍摄耗费时间，后期修图也需要占用时间，而合成图片能够节约这部分时间。ZMO.AI 官方数据显示，ZMO.AI 的中文平台"YUAN 初"能够帮助电商卖家降低 90% 的运营成本，提高 10% 的制作效率，提升 50% 的客户转化率。

　　ZMO.AI 还具有方便快捷的特点，电商卖家只需要用语言详细描述创意，AI 就可以生成大量图片，电商卖家再从中挑选合适的图片。

　　为了给电商卖家提供更多便利，ZMO.AI 计划构建一个线上社区，电商卖家可以在社区中分享生成的图片，为其他电商卖家提供灵感。如果电商卖家觉得某张图片很有趣，可以给这张图片融入自己的元素，生成一张新的图片。

　　AIGC 生成营销图片给电商卖家提供了新的发展空间，AIGC 技术能否在电商行业长久发展，在一定程度上取决于其能否为电商卖家带来长久的利益。

11.1.3　智能生成专属营销视频

短视频的兴起给电商卖家带来了新的营销渠道，电商卖家纷纷借助短视频推广产品，而 AIGC 技术能为电商卖家进行短视频营销提供便利。AI 视频生成软件可以一键生成视频，降低视频创作门槛。

电商卖家可以借助 AI 视频生成软件创作营销视频。例如，Pictory 是一款 AI 视频生成应用，电商卖家可以在没有视频创作经验的情况下，借助其编辑、创作视频。电商卖家只需提供视频脚本，Pictory 便可输出一个制作精良的视频，电商卖家可以将这个视频发布在自己的短视频平台账号上，吸引消费者。此外，Pictory 还拥有利用文本编辑视频、剪辑视频精彩片段、为视频添加字幕等功能，降低电商卖家创作视频的门槛。

具有同样功能的还有 InVideo。InVideo 是一个视频制作平台，致力于为有需求的人提供视频编辑工具。InVideo 为没有视频制作经验的电商卖家提供了一个 AI 驱动的视频编辑工具，电商卖家能够借助该视频编辑工具在几分钟内创作一个视频。

借助视频编辑工具，电商卖家可以按照自己的喜好设置字体、动画以及颜色，还能够添加自己喜爱的音乐。InVideo 为电商卖家提供了超过 300 万个影片库、100 万个视频库以及 1 500 个视频模板。如果电商卖家在制作视频时遇到字幕无法对齐的问题，可以借助 Intelligent Video Assistant（智能视频助手）改正视频中的问题。

借助 AIGC 视频创作工具，电商卖家可以开辟新的销售场景，获得更多潜在消费者，创造更多的经济收益。

11.1.4　生成完善的营销方案

除了生成多样化的营销内容外，AIGC 还能够生成完善的营销方案，为电商卖家策划营销方案提供参考，大幅提升营销方案策划的效率。

在智能生成营销方案方面，奇魂 AI 推出了一站式 AIGC 营销解决方案，依托 AIGC 技术提升营销效率和质量，该方案针对 AIGC 在数字营销领域的应用，包括网络广告制作、社交媒体营销、搜索引擎优化等，为电商卖家提供了一套高效的智慧营销方法。该方案能够满足电商卖家在不同营销阶段的内容创作需求，且覆盖面广，使用方法简单，能够助力电商卖家轻松开展数字营销活动。

在使用奇魂 AI 一站式 AIGC 营销解决方案时，电商卖家可以在奇魂 AI 文案生成系统中输入营销方案的目标效果，并制定相应的规则和模板，系统能够通过语义分析和理解自动读取输入的文本，生成电商卖家所需的营销方案。

奇魂 AI 利用自然语言处理、深度学习等技术，整合营销资源，使营销业务、数据、系统和方案融为一体，极大地提升了数字营销的效率和质量，帮助电商卖家制定科学、精准的数字营销方案。此外，奇魂 AI 具有自动翻译的功能，能够自动按照电商卖家的要求对语言进行转换和翻译，从而更好地捕捉全球化的数据和信息，为电商卖家提供更多便利。

奇魂 AI 具备强大的推理能力和学习能力，能够精准地捕捉当下的市场风向。奇魂 AI 提升了内容生成系统多维表达、多模态感知、自主定义、情感贯穿等方面的能力，能够模拟人类思维生成富有逻辑性的方案，助力电商卖家制定高质量的营销方案。得益于奇魂 AI 的赋能，电商卖家能够进一步了解用户的需求，提升用户满意度。

奇魂 AI 一站式 AIGC 营销解决方案能够快速定位电商卖家的营销目标，为其提供专业的数字营销方案定制工具，并用科学的数据分析为其量身定制营销方案。奇魂 AI 一站式 AIGC 营销解决方案被广泛应用于网站设计、邮件编辑、广告投放等方面，不仅推动了 AIGC 与数字营销的深入融合，还进一步助力电商卖家实现降本增效。

11.2　营销场景：AIGC 变革营销互动形式

当前，传统营销方式已经难以打动用户，越来越多的企业开始尝试利用 AIGC 变革营销互动形式，为用户带来新鲜感。

11.2.1　打造 3D 产品与场景，使线上购物更真实

电商行业的竞争十分激烈，许多电商卖家都在积极寻找全新的营销方式，以持续吸引消费者的兴趣，实现效益增长。使用 3D 模型展示产品可以使消费者全方位查看产品，了解产品优势，促成交易。

与 2D 建模相比，3D 建模可以在线上全方位展示产品的外观，使消费者深入了解产品，改善消费者的线上购物体验，也可以节约消费者的选购时间，快速达成交易。3D 建模用途广泛，可以用于在线试穿。例如，消费者可以在线试穿衣服，使购物体验更加真实、有趣。

3D 建模可以使消费者足不出户体验在线下逛街的感觉。例如，天猫曾经打造一个"天猫 3D 家装城"，消费者只需要打开 App，搜索"天猫家装城"便可以进入 3D 世界。消费者可以在 3D 房间内自由走动，感受全屋装修的效果，也可以停留在某个地方，认真查看商品细节。

"天猫 3D 家装城"内有 1 万多套 3D 房间，从北京最美家居店到上海复古的家居小店，许多线下实体家居卖场在"天猫 3D 家装城"内均有复刻，消费者可以根据自己的需要选购产品。

"天猫 3D 家装城"给消费者带来了沉浸式的购物体验，也给依靠

线下体验的家装行业带来了颠覆性的变革。家装产品具有客单价高、退换成本高等特点，因此消费者购买家装产品时十分谨慎，而此次活动能够让消费者在线上实现所见即所得，提高了消费者的体验感，也打通了线上线下融合的通道。

除了天猫外，许多品牌也在商品虚拟展示与试用领域不断探索，例如，优衣库打造虚拟试衣间，消费者可以在线虚拟试穿；阿迪达斯推出虚拟试鞋 AR 购物功能；宜家实行虚拟家具选购计划。虽然 3D 建模还在发展中，但在 AIGC 的助推下，未来将会涌现更多好用的工具，降低 3D 建模的门槛，实现商品虚拟展示与试用的大规模商业化落地。

11.2.2　打造虚拟购物城，提供沉浸式购物体验

随着消费者需求不断升级，许多企业尝试从多个层面满足消费者的需求，而打造虚拟营销场景正是企业可深入探索的方向之一。企业能够通过虚拟营销场景实现虚实互动，为消费者带来新奇的消费体验。

一些企业尝试打造虚拟商城，将线下购物场景转移到线上，实现沉浸式营销，给消费者提供沉浸感更强的购物体验。例如，某知名运动品牌与 Roblox（罗布乐思）合作，推出大型虚拟旗舰店。消费者不仅可以在旗舰店购物，还可以操纵自己的虚拟化身参与许多小游戏，包括蹦床、与其他玩家捉迷藏、跑酷等，获得沉浸式体验。

这样的尝试还有很多，例如，阿里巴巴启动 "Buy+（买 +）" 计划，使消费者能够在虚拟商城购物，给消费者带来开放式购物体验；IMM 商场与电商平台 Shopee（虾皮购物）在新加坡共同打造虚拟购物中心，通过在线服务增加线下零售商的收益。

企业进行沉浸式营销，需要搭建相应的虚拟购物场景，对此，众趣科技可以为品牌提供帮助。众趣科技是一家 VR 数字孪生云服务提供商，

拥有许多自主研发的空间扫描设备，再加上数字孪生 AI、3D 视觉算法、互联网三维渲染等技术的加持，可以帮助企业构建虚拟购物场景，也可以对线下购物场景进行三维立体重建，从而将线下购物场景完整、真实地复刻到虚拟世界中。

众趣科技打造的虚拟购物场景还具有设置购物标签的功能，企业可以借助标签向消费者展示产品详情与购买链接。同时，企业还可以设置导航，使消费者能够快速找到自己需要的产品，进一步提升消费者的购物体验。

与众趣科技合作的企业众多，包括阿里巴巴、华为、红星美凯龙等。众趣科技致力于利用自己强大的技术帮助企业构建虚拟空间，有了众趣科技的支持，企业可以给消费者提供更优质的服务，使消费者足不出户就能获得和线下购物几乎没有差别的沉浸式购物体验。

随着 AI 技术的发展以及与 VR、3D 生成等技术的融合，使更多企业能够在虚拟空间中搭建购物场景，这能够突破空间限制，吸引更多消费者。在虚拟购物场景中，企业可以通过充满科技感的场景向消费者展示自己的产品，促成交易。

11.3 营销手段：虚拟数字人为商品代言

随着 AIGC 的兴起，虚拟数字人也变得更加智能。当前，虚拟数字人成为营销新手段。企业将虚拟数字人与直播、营销等元素结合，能够吸引更多消费者，建立与消费者沟通的渠道，增强彼此互动，同时还能够给消费者带来新鲜感，提高销售转化率。

11.3.1　虚拟主播成为电商直播间新亮点

随着直播的火热，直播带货成为电商发展的重心，许多电商卖家纷纷在直播领域布局，但布局电商直播需要直播设备、带货主播，成本过高，可能会出现高投入、低回报的情况。为了降低成本，获得更高的收益，一些电商卖家采用"虚拟主播 + 真人主播"的直播模式。

相较于真人主播全天候直播，"虚拟主播 + 真人主播"的直播模式具有以下三个优势：

（1）虚拟主播能够延长直播时间，填补真人主播休息的时间空白。无论消费者什么时候进入直播间，虚拟主播都会在岗为他们介绍产品。这能够使消费者获得更优质的购物体验，提高销售转化率。

（2）虚拟主播能够推动品牌年轻化，拉近品牌与年轻消费者的距离。例如，完美日记引入虚拟主播 Stella（斯特拉）进行直播带货，以更好地服务消费者。

（3）虚拟主播能够推动品牌年轻化，拉近品牌与年轻消费者之间的距离。例如，完美日记推出了一个活泼可爱的虚拟主播 Stella，她会在真人主播下班后上岗，肩负起夜晚直播的重任。当有新的观众进入直播间时，Stella 会愉快地和观众打招呼："欢迎宝宝，新来的宝宝帮我点个关注哦。"在直播中，Stella 十分专业，她会详细介绍店铺的产品、质地、价格等，还会提醒观众领取优惠券、购物津贴等福利。

（4）虚拟主播是虚拟人物，人设更加稳定。虚拟主播的个人形象与言行都由企业打造，企业无须担心虚拟主播人设崩塌。

例如，洛天依是一个由上海禾念推出的二次元虚拟偶像，其一经问世就获得了大批粉丝的喜爱。在 B 站（哔哩哔哩弹幕网）控股上海禾念后，洛天依成为 B 站的"当家花旦"，举办了多场全息演唱会，参加了多家电视台的活动，影响力不断提升。

洛天依的火爆，使得其商业价值愈加凸显。不仅洛天依的演唱会门票火速售罄，其代言的产品也获得了大量粉丝的关注。在直播带货领域，洛天依也有出色的表现，洛天依以其强大的影响力促进产品销售。例如，洛天依进入淘宝直播间，作为虚拟主播推销美的、欧舒丹等品牌的产品，引发了众多消费者的关注。在整个直播过程中，直播间在线观看人数一度突破 270 万，约 200 万人进行了打赏互动。

除了洛天依外，越来越多的虚拟主播走进直播间。快手推出虚拟主播"关小芳"、京东推出虚拟主播"小美"，通过"真人 + 虚拟 IP"的方式引爆销量，这些虚拟主播各有特色，能够吸引不同圈层的消费者，这种方式不仅丰富了电商直播的内容，还开启了直播带货的新模式。

"虚拟主播 + 真人主播"的直播模式能够给消费者带来新鲜感，同时也能够填补空白的直播时间，这样无论消费者何时进入直播间，都有主播为其提供服务。未来，虚拟主播的功能将越来越强大，将为消费者提供更加贴心的服务，促进企业营销革新。

11.3.2　虚拟 IP 助力品牌营销

如今，具有独特个性、追求自我表达的"95 后""00 后"成为消费主力军，为了获得这类消费者的喜爱，一些品牌尝试打造虚拟 IP。虚拟 IP 可以作为品牌与消费者沟通的桥梁，能够获得更多消费者的关注，实现破圈营销。

虚拟 IP 作为数字经济时代的新兴产物，在品牌营销方面具有独特的价值。一些品牌尝试打造虚拟 IP，通过虚拟 IP 传播品牌文化，利用虚拟 IP 进行品牌宣传。例如，国货彩妆品牌花西子打造了虚拟 IP "花西子"（图 11-2），传承东方文化，展现东方魅力。

图 11-2　虚拟 IP "花西子"

为了突出人物特点，花西子的制作团队认真钻研了我国传统面相美学，他们在建模时，特意在花西子眉间点了一颗"美人痣"，以使其形象更有特色。花西子手持并蒂莲，传递了花西子"同心同德，如意吉祥"的美好愿景。

花西子基于精准的人群定位打造了花西子这一虚拟 IP，并将这个 IP 运用到品牌推广的各个环节中，这可以使品牌与目标消费者产生情感共鸣，使得消费者对品牌产生信任，从而购买产品。

品牌打造虚拟 IP，能够潜移默化地传递品牌理念，尤其是面对 Z 世代（1995 年至 2009 年出生的一代人）的年轻消费者，虚拟 IP 可以让品牌变得更加年轻，更容易激发年轻消费者的潜在需求，满足他们对品牌的期待。

例如，一向擅长与年轻人"玩在一起"的百事推出了虚拟偶像组合 TEAM PEPSI（百事团队）。TEAM PEPSI 以百事旗下的百事可乐、百事可乐无糖、美年达、七喜 4 款产品为原型，根据这 4 款产品的特点，塑造了 4 位外貌、性格各不相同的虚拟数字人，如图 11-3 所示。

图 11-3　百事虚拟偶像组合 TEAM PEPSI

在 TEAM PEPSI 中，MIRINDA（美年达）是一名鼓手，身着一身黄衣，尽显活泼可爱；PEPSI（百事）是一名唱跳俱佳的全能型选手，拥有明朗率真的性格；PEPSI NO SUGAR（百事无糖）是一名 DJ，以一身酷炫的黑衣展现劲爽无畏的气质；7UP（七喜）是一名电吉他手，一身绿衣展现勃勃生机。TEAM PEPSI 虚拟偶像组合象征着百事未来的生命力，他们搭建了品牌与消费者沟通的渠道，成为 Z 世代年轻消费者的伙伴，吸引了无数年轻消费者的目光。

虚拟 IP 是全新的品牌流量增长点。在 Z 世代年轻消费者成为消费主力军的今天，虚拟数字人凭借自身的优势，能够搭建品牌与消费者沟通的渠道，加深品牌与消费者的连接。

11.3.3　分时跃动 Enterprise.ai：提升商家数字生产力

分时跃动是一家专注于帮助企业拥抱数字化潮流、提高 AI 生产力的高科技企业，拥有丰富的企业数字化转型和 AI 技术落地和服务经验，核心团队累计服务过 2 万多家企业，其中不乏建设银行、民生银行等大型企业。

分时跃动依托先进的 AI 技术和数字孪生技术研发 Enterprise.ai（分时 AI 管家）。Enterprise.ai 在提供基础 AI 能力的基础上，1:1 真实还原和克隆了电商企业各个业务岗位人员的专业、知识、能力、习惯、形态、表情、声音，打造数字克隆人分身，形成由强算力支撑、24 小时无休、员工永不离职的数字生产力。

为了提高商家的数字生产力，分时 AI 管家打造了开箱即用的 AI 工具箱，工具箱具有多种能力，能够应用于多个场景，为企业业务的开展提供助力：

（1）为商家提供文本、图片生成工具，以及专业级别的内容编辑及协作工具，便于电商企业内部员工协作。

（2）为商家提供数字人形象定制、声音克隆工具，助力商家生成宣传视频、培训视频、产品介绍视频。

（3）为商家提供产品形象定制、企业形象定制工具，基于产品形象及企业 VI（Visual Identity，视觉识别），助力商家快速生成带有品牌及产品标识的宣传内容。

（4）帮助商家训练熟悉企业业务、明确企业发展目标和愿景，能够自动完成文案写作、设计、财务、营销等工作的数字职员。

（5）助力商家完善业务流程和协作流程，使商家能够高效地进行数据管理。

总之，分时跃动极力将 AIGC 技术融入电商企业发展的方方面面，推动 AIGC 在更多场景落地，提升商家的数字生产力。

第 12 章

金融行业：AIGC 加速金融
数智化转型

金融行业是 AI 渗透较深的行业之一，在 AIGC 技术的助力下，金融行业各个场景的数字化与智能化程度有所提高。AIGC 技术能够应用于生成金融文案、智能客服、智能投顾等方面，推动金融行业智能化发展，为客户带来良好的体验。

12.1　金融行业的 AIGC 探索

当前，一些金融机构已经进行了 AIGC 探索，例如，招商银行借助 ChatGPT 生成金融文案、金融壹账通推出 AIGC 金融产品等。此外，许多金融机构宣布与百度旗下 AIGC 产品文心一言合作，推动 AIGC 与金融行业的融合。AIGC 能够提升金融行业的内容创作效率，给金融行业带来颠覆与创新。

12.1.1　借 ChatGPT 生成金融文案

AIGC 在金融行业已经有所应用，在 ChatGPT 火爆市场之初，一些金融机构就尝试将其与自身的业务相结合，探索 ChatGPT 的应用边界。

例如，招商银行将 ChatGPT 应用于撰写品牌文案。2023 年 2 月 6 日，招商银行使用 ChatGPT 撰写了一篇名为《ChatGPT 首秀金融界，招行亲情信用卡诠释"人生逆旅，亲情无价"》的文章，亲情之于人生的意义在 ChatGPT 的笔下娓娓道来。

此后，招商银行采用与 ChatGPT 对话的形式，诠释了亲情的价值和意义，生成极具感染力的品牌推广文案。作为拥有数亿个参数，并接受过大量、系统的文本数据训练的大语言模型，ChatGPT 对亲情的思考与诠释让人感到无比惊喜。

此外，招商银行还与 ChatGPT 进行了多轮趣味性互动，询问

ChatGPT 是否与招商银行的 AI 助手"小招"相识。招商银行还和 ChatGPT 就资产分配问题、个人养老金管理等问题进行了探讨。

招商银行此番对 ChatGPT 小试牛刀缘于一次无心插柳的尝试。品牌心智是品牌与用户长期交互的结果沉淀。此前,招商银行曾对"卡"与"人"的关系进行深入思考,发现人们对情感连接的需求十分迫切。而亲情作为人与人之间最紧密的连接和最深的羁绊,成为招商银行与用户进行情感交互的最佳着力点,而 ChatGPT 则成为招商银行与用户建立情感连接的得力助手。基于此,招商银行升级招行信用卡附属卡产品,研发并推出全新"亲情信用卡"。

如何将这张信用卡背后所诠释的亲情的意义更好地传递给用户呢?招行信用卡尝试进一步挖掘家庭、血缘对于人类的终极意义,探讨家庭、血缘对于人类究竟意味着什么,是心理学家探讨的亲密关系,是生物学家解释的基因,是古希腊哲学家定义的人的"始基",还是社会学家判定的一种差序格局?无论是从自然科学到社会人文,从农业文明到现代社会,还是从西方哲学到东方伦理,在不同的时间、空间,亲情的定义和解释都有其不同的内涵。

这也就意味着,短时间内的按图索骥和单向的思考论证都无法解释这个命题,人类需要寻找一种跨时空、跨领域、跨学科的方式,来对这个命题进行重新解码与阐释。如何能够超越个体的智慧经验与知识,以多维视角来解答这一命题?招商银行通过 ChatGPT 看到了某种可能,而这一次无意的尝试推动了金融行业首篇 AIGC 作品的诞生。

招商银行以 ChatGPT 为工具撰写品牌文案是一次比较成功的 AIGC 文本生成落地应用。从全文的整体表达来看,ChatGPT 的表达逻辑与人类思维逻辑十分相似,如果不告知读者,读者很难看出这篇文案是 AI 撰写的。

在应用 ChatGPT 生成文案时，招商银行工作人员在 ChatGPT 上输入需求"阐释基因与亲情的关系"，ChatGPT 生成的第一篇文案比较平实，缺乏深度的思考。因此，招商银行工作人员进一步向 ChatGPT 提出需求，即文案内容要突出两个观点，分别是"亲情的利他本能"和"生命是基因的载体"，并强调语言要有深度。经过不断的训练，ChatGPT 输出的内容不断优化，如此循环往复，直到生成令人满意的稿件。

与人类撰写稿件的过程类似，AI 写稿也需要多个步骤。首先，明确需求，对所需撰写的文稿构建初步的观点轮廓；其次，从模型中获取相关内容并输出；然后，在输出的过程和最终输出的内容中寻找灵感，以优化模型，完善内容；最后，多次往复，直到生成一篇令人满意的稿件。

需要注意的是，ChatGPT 在生成内容的过程中，需要有一个明确的需求内核引导内容生成，否则，需求方很可能会被模型的内容生成逻辑带偏，导致稿件偏离主题或深度不够。

ChatGPT 生成的文章或许尚未达到专业水准，但在对亲情这一涉及多角度、多领域的命题进行阐述的过程中，ChatGPT 展现出了卓越、逻辑性强的思辨能力，不过，这并不代表文案撰写任务可以完全交给 ChatGPT 去处理。从 ChatGPT 的整体能力阈值来看，其还未达到可以脱离人工干预的水平。招商银行作为品牌方，负责为文案赋予精神内核，为文案赋予灵魂和温度，确保文案传递符合品牌文化的价值观和审美，ChatGPT 只是品牌文案撰写的辅助工具。

招商银行的此次尝试充分显示出 ChatGPT 强大的语义理解和推理能力能够支撑其强大的对话能力，其可以精准地理解金融文案的撰写需求，智能梳理文案主旨和逻辑，分析文案的使用场景，输出相匹配的内容。未来，随着科技的发展，AIGC 将出现更多智能应用，赋能金融文案创作。

12.1.2　进行产品研发，打造 AIGC 金融产品

在智能化、数字化浪潮迭起的今天，为了紧跟时代潮流，金融壹账通推出 AIGC 金融产品，利用 AIGC 技术赋能金融行业发展，为用户提供更加优质的体验。

金融壹账通是面向金融行业的金融科技云服务平台，其通过 AI、大数据、区块链等先进技术为银行、投资、保险等领域的金融机构提供"技术 + 业务"解决方案，助力金融机构提升业务质量和效率。金融壹账通研发出运营、服务、风控等场景下的金融产品，多系列的科技产品可以发挥强大合力，广泛应用于投资、保险、银行等金融领域。金融壹账通帮助金融机构与先进的金融科技接轨，全面提升金融机构智能化经营水平。

作为金融行业的 AI 探索者与先行者，金融壹账通需要通过持续的科技研发来维持自己的领先地位。随着 ChatGPT 的火热发展，AI 应用再度掀起热潮。相较于 AI 数字人、AI 机器人等 AI 应用，以 ChatGPT 为代表的 AIGC 应用在金融领域拥有更广阔的应用场景。金融壹账通紧抓科技热点，在"AIGC+ 金融"领域提前布局，推进 AIGC 金融产品的创新研发与落地应用。

现如今，金融壹账通自主研发的各项 AIGC 技术已应用于许多金融垂直领域，为知识密集型企业提供更加精准、高效的金融文档智能处理和更加稳定、流畅的金融对话智能解决方案，极大地提升了行政、客服、运营、数据分析、审核等岗位从业人员的工作效率。以金融壹账通自主研发的一款文本扫描理解一体化产品为例，其可以用 2 秒的时间扫描、识别单张文稿，且支持文稿信息抽取、阅读理解、布局还原等操作，有效降低文稿误检、漏检风险。

再如，金融壹账通推出的"加马智慧语音解决方案"也是其在"AIGC+ 金融"赛道上的重要探索成果。针对智能营销、智能客服和智能催收等业务场景，加马智慧语音解决方案优化了外呼流程，打造了文本 FAQ（frequently asked questions，常见问题解答）库、质检模型和智能辅助模板。在与某商行的合作中，金融壹账通协助该商行激活了众多存量客户，使超过一半的意向客户进入了最终销售环节，极大地降低了该商行的整体运营成本，提升了该商行的人均产能。

截至 2022 年底，加马智慧语音已经服务了百余位金融客户。在智能客服方面，"AI+ 文本机器人"和"AI+ 导航"可以实现人工服务有效分流。同时，"AI+ 客服助手"代替部分人工客服工作，提高了人工座席产能，降低了客服平均通话时长和通话过后的小结时长。在智能催收方面，"AI+ 催收"提升了信用卡催收座席作业时效，降低了客户投诉率，提高了对话分析质检准确率。在智能营销方面，针对中长尾客户，加马智慧语音已经实现 100% 的 AI 触达率，取得了较高的理财破冰额和 AI 销售额。

未来，金融壹账通将进一步拓展 AIGC 金融产品的应用场景，继续发挥"技术 + 业务"双赋能的独特优势，助力金融机构筑牢 AIGC 技术底座。金融壹账通在提升业务质量和服务效率的同时努力降低成本与风险，砥砺前行，朝着 AIGC 的"深水区"不断下潜。

12.1.3　与文心一言合作，布局 AIGC

ChatGPT 的火爆使很多企业看到了 AIGC 行业的发展方向，纷纷推出 AIGC 产品。百度推出了 AIGC 产品文心一言，与多个行业进行合作。

文心一言是百度基于文心大模型发布的生成式智能对话产品。百度在 AI 领域深入探索 10 余年，研发出产业级知识增强大模型——文心，该模型具备跨语言、跨模态的深度语义理解与生成能力，在内容创作、云计算、智能办公、搜索问答等领域拥有广阔的发展空间。

在文心一言的上线前准备工作完成后，金融机构将率先接入文心一言。金融机构集成文心一言的核心技术，与百度在标准制定、产品研发等多个领域进行深度合作。在百度技术团队的协助下，金融机构将打造联合解决方案，并通过联合营销、技术共享等方式，强化自身竞争力，为金融客户提供全场景金融信息服务 AI 解决方案。同时，金融机构依托创新互联、智慧互联，引领金融信息服务升级与迭代。

2023 年 2 月 26 日，江苏银行宣布正式与百度文心一言开展生态合作。后续，江苏银行将借助百度智能云全面接入文心一言的核心功能，在智慧运营、辅助营销、日常办公、客户服务、风险评估等方面进行应用探索。

除了江苏银行外，邮储银行、百信银行、新网银行、兴业银行、众邦银行、苏州银行、中信银行等也尝试与百度文心一言展开合作，致力于携手百度共同推进人机对话 AI 大语言模型在金融机构中的应用。从已经接入文心一言的金融机构来看，它们主要将文心一言应用于智能服务、智慧网点等领域。例如，邮储银行将文心一言应用于虚拟营业厅、数字员工、智能客服等场景；百信银行将文心一言应用于 AI 数字人、数字营业厅、数字金融等领域。

除了前端的服务之外，众多金融机构也在后端的投研和风控领域尝试应用文心一言。例如，兴业银行将文心一言应用于智能运营、智能风控、智能营销、智能投研等场景，在这些场景进行 AI 大模型技术的拓展和应用。

文心一言作为先进的大语言模型深受金融机构青睐，金融机构对文心一言在金融业务中的应用前景十分看好。就目前来说，文心一言在金融业务中的应用主要体现在两个层面：一是研发层面。文心一言能够协助金融机构制订符合金融行业标准的金融软件产品研发计划、进行代码测试与编写等，以提升金融软件研发的敏捷性，加快金融产品更新迭代。

二是客户服务层面。金融机构可以借助文心一言的 KYC（know your customer，了解你的客户）探查功能与大模型多轮对话功能，有效提升客户与金融机构的沟通、交流体验。金融机构还可以通过引入数字人在虚拟场景中为用户提供智能化服务。

文心一言具备语言理解能力与内容智能生成能力，在金融机构中可以应用于与客户智能聊天、智能问答、智能生成金融内容等方面。文心一言可以在与客户对话的过程中不断自我学习与优化。

文心一言经历了升级与换代，升级后的文心一言的智能程度更高，内容回复更加清晰、详细，并且具有更强的交互性，在商业应用方面拥有更加广阔的空间。

越来越多的金融机构积极加入文心一言应用生态，积极开展合作研发和应用试点工作，致力于把握 AIGC 技术应用的良好时机。但是，金融业务因具有特殊性而对内容合规性、严谨性、专业性、可解释性和安全性有着严格的要求，因此，金融机构对模型的训练十分严谨，文心一言实现大规模应用还面临一些挑战。文心一言面对的挑战主要体现在以下四个方面：

一是可信度挑战，文心一言在稳定性、伦理、安全性、准确性等方面存在问题；二是业务理解挑战，文心一言基于通用的知识库进行训练，应用于金融场景还需要加强理解；三是成本投入挑战，文心一言的应用成本比较高，包括模型训练、算力消耗等成本；四是组织能力挑战，文心一言及其包含的一系列 AI 应用与金融机构从业人员的协同与配合仍需要更加具体的机制来规范。

因此，想要实现文心一言在金融领域的大规模深度应用，金融机构需要在应用文心一言的过程中与其不断磨合，实现融合发展。

文心一言在金融领域的发展前景是光明的，道路是曲折的。金融机构要把握文心一言等 AIGC 应用带来的发展机遇，将其与金融业务相结合，探索出适合金融机构的金融 AIGC 产品。

12.2　智能客服：AIGC 变革金融的主要体现

智能客服作为一种新型客服解决方案，在金融行业中得到广泛应用。智能客服具有准确、高效等优点，能够随时为客户提供服务，能够在降低金融服务成本的同时，提升客户服务质量与效率。

12.2.1　金融行业智能客服的功能

在金融行业，智能客服具有专业的语料库，能够回答多个方面的金融问题。金融行业智能客服主要有三个功能，如图 12-1 所示。

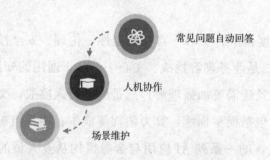

常见问题自动回答

人机协作

场景维护

图 12-1　金融行业智能客服的三个功能

1. 常见问题自动回答

常见问题自动回答是智能客服的常规对话模式，即智能客服根据预设的规则和语言自动回答一些固定的、基本的问题。在金融行业中，传统的客服模式需要大量的人力支持，人力成本过高，且人工客服存在语言和时间的限制，客户服务效率低下。而智能客服能够根据客户提出的问题进行智能推理，根据预设的答案进行自动回复，使得客户的问题能够得到快速解决。

除了常见问题自动回答外，智能客服还能够自动执行客户的指令。例如，在客户申请网上开户的过程中，智能客服会询问客户相关身份信息并帮助客户完成开户申请，代替业务员为客户提供系统、高效的开户指导，这极大地提高了客户办理业务的效率和便利性。同时，智能客服可以向客户提供与金融产品和服务相关的信息与指南，快速、精准地为客户提供服务，满足客户需求。

但是，智能客服也有一些不足，例如，不能很好地应对客户提出的非常见问题。当客户的问题超出了智能客服知识库的范围，智能客服将无法理解并解决客户的问题，因此，在应用中，金融机构需要对智能客服进行金融知识训练，不断完善其金融知识库，以提升智能客服的自动回复能力。

2. 人机协作

除了常见问题自动回答外，智能客服还具有人机协作功能，能够使金融机构实现人工和机器人的互补，让客户享受到更加专业、全面的服务。在金融交易、贷款、理财等方面，智能客服可以向客户提供更深层次的分析和建议，帮助客户增强对金融业务的理解，提升客户对金融业务的兴趣。

在人机协作场景中，人工客服和智能客服会根据客户提出的问题进行多轮交流，通过智能标签、数据汇总、分析推断等方式，为客户提供个性化建议和服务。在处理突发事件上，智能客服可以在位置信息、安防、社交媒体等方面提供信息来源，提高事件处理的效率。

人机协作能够提高服务水平，使金融机构得到更好的客户评价和口碑，但是，金融机构需要在人机协作的过程中确保信息披露准确和数据隐私安全，防止智能客服出现语言失控或信息泄露的问题，保证人机交互的安全性。

3. 场景维护

场景维护指的是智能客服监控金融市场，在信息实时性、安全性方面扮演重要的角色。智能客服可以快速监控金融市场波动，追踪资本市场的涨跌趋势，为金融机构和金融客户提供及时、准确的行情数据和决策依据。

在场景维护的过程中，智能客服可以进行自我学习，并在自我学习的过程中逐步提高智能化水平和性能，提升客户服务质量。智能客服可以对客户需求进行深入分析，并不断优化答案，让顾客的问题得到快速解决。

智能客服在场景维护方面面临一些挑战，如大数据分析过程中的隐私保护和数据安全问题。智能客服算法和模型的精度和可靠性，在高频交易场景下显得尤为重要。

总之，智能客服在金融行业中的应用，可以有效地解决传统客服人力成本高、效率低的问题。智能客服为金融客户提供了便捷和高效的服务，提升了金融服务的智能性和精准性，但是金融机构需要关注机器智能对客户安全、隐私的影响，以保证客户体验和服务质量，挖掘智能客服的最大价值。

12.2.2　ChatGPT 接入智能客服，提升服务能力

AIGC 在金融领域的应用，可以帮助金融机构降低运营成本，提高

运营效率。AIGC 与智能客服结合，能够提升智能客服的智能性，使之更好地为客户服务。以 ChatGPT 为例，其可以在三个方面为智能客服赋能，如图 12-2 所示。

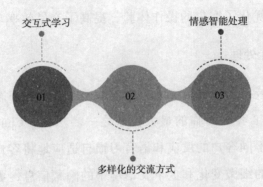

图 12-2　ChatGPT 为智能客服赋能的表现

1. 交互式学习

ChatGPT 是一种智能交互工具，能够与客户进行交互式对话，这种交互能力使得 ChatGPT 能够不断学习更多信息。接入 ChatGPT 的智能客服能够根据客户的反馈来改进自己的回答，协助客户更好地理解金融业务，进一步提升客户服务质量，使客户对金融机构的服务更加满意。

例如，接入 ChatGPT 后，智能客服在介绍商业银行或保险公司的险种、理财产品时，会通过收集、分析客户查询历史、消费历史等信息，更好地满足客户的需求，这些信息能够作为金融机构为客户提供更全面、精准的服务的依据，在客户再次咨询时，金融机构可以基于已经掌握的信息，快速反应，为其提供科学的解决方案，提升服务能力与服务效率。

2. 多样化的交流方式

ChatGPT 支持多种交流方式，如文本交流、语音交流和图像交流等，这一功能使得 ChatGPT 可以在金融 AI 客服领域广泛应用，为客户提供更具交互性和可操作性的体验，提高客户的满意度。

例如，在金融交易过程中，客户需要输入身份信息，接入 ChatGPT 的智能客服支持客户通过图像或语音等方式上传身份信息，缩短了信息上传的时间，优化了客户的操作体验，提高了交易效率。

3. 情感智能处理

在金融领域，客户数量庞大且素质参差不齐，客户态度和需求差异极大，这是人工客服面临的最大挑战之一。然而，ChatGPT 可以支持智能客服根据不同客户的反应和语言习惯自适应地将客户分类，并能够捕捉客户态度的细微变化和上下文语境中的隐藏信息，更好地理解客户的意图。

人的情感是非常复杂的，客户的情感体验是金融机构服务质量的评判标准之一。智能客服应该和真实人类一样具有情感智能处理能力，这样才能更好地与客户沟通，更好地满足客户要求。

在 ChatGPT 的支持下，智能客服能够从客户提问的方式、语气等细节中感知客户的情感信号，并且能够根据情感信号的类型给出对应的回答。对客户情感和情绪的及时捕捉有利于智能客服及时解决客户的问题，提升客户的满意度。

在 ChatGPT 的助力下，智能客服将在服务效率、服务专业性、服务人性化及智能化等方面实现提升，提高金融机构的服务能力。

12.2.3　金融机构布局 AIGC 核心技术

作为现象级大语言模型，ChatGPT 一经发布便激发了市场和消费者对 AIGC 产品的热情。热潮背后，一些金融机构开始布局 ChatGPT 和 AIGC 背后的核心技术：自然语言处理技术。

　　通俗来讲，自然语言处理技术就是让计算机自主理解人类语言，并处理大量语言文本，而后进行针对性分析。自然语言处理技术可以帮助各行各业节省人力成本，提高工作效率，推动企业的智能化发展。

　　现如今，自然语言处理技术已被广泛应用于金融行业中，银行、证券、保险等业务与自然语言处理技术结合得尤为紧密。金融机构具备强烈的 AI 建设意愿与充足的资金，因而成为 AI 市场规模提升的重要拉力。

　　银行可以将自然语言处理技术应用于分析客户产生的大量文本和语音数据，以提取关键信息，简化信息处理工作。例如，银行使用 ChatGPT 聊天机器人来了解客户查询的问题并及时响应。对于常见的客户服务请求，如资金转账、余额查询和账单支付等，ChatGPT 聊天机器人可以独立帮助客户完成，从而使得银行有充足的人力去处理更加复杂的问题。自然语言处理技术还能够应用于信用风险评估、交易反欺诈和客户情绪分析等领域。

　　零壹智库的统计数据显示，截至 2023 年 3 月 31 日，工商银行在各大银行自然语言处理技术专利申请数量统计中排名第一。从自然语言处理技术专利授权数量来看，工商银行与微众银行在榜单中并列第一，这意味着工商银行对自然语言处理技术的应用比较多。

　　在自然语言处理技术的研究与应用方面，工商银行深入研发并推广语义分析相关产品和技术，并将其广泛应用于转账要素识别、手机银行语音导航等智能客服场景，提升智能客服的智能化水平，降低人力资源成本。

　　例如，工商银行基于自然语言处理技术推出智能客服"工小智"，通过短信、微信、网上银行、手机银行等多个渠道为客户提供服务，推动了工商银行远程银行中心业务创新和系统升级，完善了智能客服的语义识别和理解的能力。工商银行 2022 年度报告显示，2022 年，工商银行的科技投入在六大行中位于榜首，高达 262.24 亿元，占业务总营收 2.86%。

工商银行持续推动自然语言处理技术的发展，并将该项技术应用于智能客服服务的各种金融业务场景，主要涵盖普惠金融、个人金融等多个业务领域，覆盖电话银行、手机银行等 108 个服务渠道和 2 400 个业务场景。

近年来，浦发银行持续加大金融科技创新力度，联合全球顶尖科技企业建立科技创新实验室和合作共同体，共同探索智能化金融服务模式，持续提升用户体验。

例如，在智能网点建设方面，浦发银行推出 i-Counter 智能柜台，该柜台通过对自然语言处理技术的强化应用，释放了柜台人力，实现了业务迁移。同时，浦发银行将自然语言处理技术植入手机智能 App，为 App 建立了随机数和应用文本相结合的客户声纹认证体系，客户可以通过语音进行身份认证，还可以与 App 中的智能客服自主交流完成基础金融交易，这极大地提升了浦发银行的客户服务效率。

在 ChatGPT 背后的科技中，自然语言处理技术成为金融行业关注的重点，金融机构积极研发相关技术专利，以抢夺 AIGC 发展机遇。

12.3 智能投顾：AIGC 让金融决策更科学

智能投顾指的是利用大数据、AI 等技术为客户提供专业的理财方案与建议。在 AIGC 的加持下，智能投顾的数据分析结果更加准确，能够惠及更多投资者。

12.3.1　智能投顾的两大模式

智能投资顾问可以利用 AIGC 技术为客户提供投资顾问服务，它能够对客户的情况进行分析，并根据分析结果为客户提供科学、合理的投资方案。智能投顾有两种服务模式，分别是部分人工介入和无人工介入。

基于 AIGC 技术的智能投资顾问能够与客户聊天、交互，在与客户交流的过程中，其可以通过分析各种投资数据，解决客户在投资过程中的疑惑和问题，并优化客户的决策过程，为客户制定最佳的投资方案。同时，智能投资顾问能够在交互的过程中及时调整投资策略，帮助客户获得更多收益。以下对智能投顾的两种模式展开探讨：

1. 部分人工介入模式

在部分人工介入模式下，智能投资顾问依赖于专家的分析和判断，这种模式可以帮助客户发现聊天式投资交互系统尚未覆盖的内在交易模式，并在特定市场条件下制定适当的投资策略。在需要专业知识时，人工介入可以充当聊天式投资交互的补充，这种人工介入模式可以增强客户投资的信心，并使他们深入地了解金融市场的规则和风险。部分人工介入模式需要专家提供正确的信息和策略来补充机器学习算法的技术缺陷，从而保障客户的投资安全。

2. 无人工介入模式

智能投资顾问可以基于无人工介入模式为客户作投资指导，这种模式不需要人工干预，可以对金融市场趋势进行实时监测并为客户提供投资建议。无人工介入投资顾问借助 AIGC 技术以及先进的机器算法，可以持续监测金融市场，为客户制定、推荐最佳投资策略，帮助客户实现投资收益最大化，这种模式可以减少客户所面临的投资风险和压力。

无人工介入模式能够基于各种文本数据建立更加精准的模型，但考虑强化学习技术的局限性，其需要专业技术人员的监督，以确保自动化投资策略的科学性。不过，随着 AIGC 技术不断进步，真正的无人工介入的投资交互模式将会形成。

综合考虑部分人工介入模式和无人工介入模式，智能投资顾问还是有许多优点的。首先，两种模式都可以快速提供投资方案，节省了大量人力和时间成本；其次，无人工介入模式可以减少人为因素给客户收益带来的影响，在数据分析方面更为精准；最后，部分人工介入模式可以对机器学习技术进行补充，避免忽略一些重要的因素。

12.3.2　促进投顾转型，降低服务成本

为了满足客户需求、顺应市场变化趋势，金融机构需要不断提高自身的服务能力，向着创新、高效和优质的方向发展。传统投资顾问耗费大量人工成本与时间，已经无法满足客户的要求，因此，许多金融机构通过 AIGC 技术推动投资顾问转型升级，有效降低服务成本。

传统投资顾问采取一对一的形式向客户提供高质量的投资服务，但这需要消耗大量人工成本。传统投资顾问受限于时间和空间因素，难以为客户带来更好的服务体验，因此，传统投资顾问亟待向智能投资顾问转型。

智能投资顾问将金融科技与财富管理相结合，为传统投资顾问的转型升级赋能，提供满足客户需求的投资咨询和指导服务。智能投资顾问基于 AI 技术和自然语言理解技术为投资者提供更加精准和高效的投资建议。智能投资顾问提供服务的基本原理在于，通过大数据分析、自然语言处理和机器学习等技术帮助投资者实现投资系统化，其通过风险评

估并生成报告，可以为客户提供更为全面和精准的投资建议、在线式的顾问服务和专业化的投资理财方案。

智能投资顾问具有以下优势：一是效率更高，可以在较短的时间内理解并满足客户的需求；二是更为全面和精确，可以通过大数据分析和机器学习等技术实现全方位的风险管理和投资分析；三是可以分析复杂的投资品种，帮助投资者在风险控制和利润增长之间作出选择；四是能够为客户提供更优质的体验，并为客户提供更为全面的咨询服务和更加个性化的投资建议。

智能投资顾问能够根据客户自身情况对客户提出的一系列问题进行解答，并在与客户交互的过程中对客户信息和需求进行自我学习，确定客户所属的投资者类型。智能投资顾问综合匹配投资组合与投资类型归属，为客户提供投资组合管理和投资标的选择等相关建议。

智能投资顾问运用决策树管理决策流程，并基于智能算法逻辑生成组合投资建议，并实时收集、分析市场变化，最终，其依据决策流程自动调整投资策略，并确保投资策略与投资者投资特征相匹配。

在运作方式上，智能投资顾问通过智能分析，在资产库中选择基础资产并进行重组，以减少传统顾问服务模式下的人为主观干预，为客户提供科学、合理的决策支持，降低投资顾问服务成本。客户往往会通过基础资产的盈利状况、管理者状况和盈利波动水平等向智能投资顾问传递投资价值信息，从而影响智能投资顾问选择基础资产的倾向。同时，智能投资顾问会依据一定标准甄别和筛选基础资产，从而实现投资价值最大化。

智能投资顾问将传统顾问服务模式下的精英化服务转换为普惠式服务，将服务受众拓展为大众客户群体，满足大众的投资服务需求，践行普惠金融的整体战略目标。

伴随着 AI 的深度应用和大数据技术的快速发展，智能投资顾问呈现多样化的发展趋势，发展模式倾向于面向理财经理的辅助决策模式和面向客户的智能推荐模式。以财经门户、传统金融机构、互联网巨头为代表的成熟型智能投资顾问平台和以金融科技企业为代表的初创型智能投顾企业相继布局智能投资顾问业务版图。

智能投资顾问推动了 AI 财富管理的发展，开拓了投资建议的新模式。首先，智能投资顾问可以为客户提供 24 小时在线咨询服务，为他们提供更加科学、个性化的投资建议，成本更低，服务效率更高；其次，智能投资顾问能够依托大数据和机器学习等技术为客户提供更加全面的投资分析，为投资者提供全方位的投资建议和更加专业化的服务。

智能投资顾问使 AIGC 和金融行业实现了融合发展，为传统投资顾问的转型提供了方向，使金融决策更加科学。